U0656415

**全国普通高等教育"十三五"食品科学与工程专业院校规划教材**

**食 品 科 学 与 工 程 专 业 实 验 实 习 指 导 用 书**

# 食品工艺学实验指导

主　编　王兆丹

副主编　吴应梅　韩　林　蔡红云

编　委　（以姓氏笔画为序）

　　　　王兆丹　吴应梅　陈　林

　　　　韩　林　蔡红云

中国中医药出版社

·北　京·

图书在版编目（CIP）数据

食品工艺学实验指导/王兆丹主编．—北京：中国
中医药出版社，2020.7
食品科学与工程专业实验实习指导用书
ISBN 978-7-5132-6153-1

Ⅰ.①食…　Ⅱ.①王…　Ⅲ.①食品工艺学-实验-高
等学校-教学参考资料　Ⅳ.①TS201.1-33

中国版本图书馆 CIP 数据核字（2020）第 038213 号

---

**中国中医药出版社出版**

北京经济技术开发区科创十三街 31 号院二区 8 号楼
邮政编码　100176
传真　010-64405750
河北纪元数字印刷有限公司印刷
各地新华书店经销

开本 787×1092　1/16　印张 13　字数 288 千字
2020 年 7 月第 1 版　2020 年 7 月第 1 次印刷
书号　ISBN 978-7-5132-6153-1

定价　58.00 元
网址　www.cptcm.com

社 长 热 线　010-64405720
购 书 热 线　010-89535836
维 权 打 假　010-64405753

微信服务号　zgzyycbs
微商城网址　https://kdt.im/LIdUGr
官 方 微 博　http://e.weibo.com/cptcm
天猫旗舰店网址　https://zgzyycbs.tmall.com

如有印装质量问题请与本社出版部联系（010-64405510）

# 《食品科学与工程专业实验实习指导用书》
# 丛书编委会

# 序

现代高等教育自诞生之日起始终伴随着争论与改革，在探索、改革、发展中一路走来。在现代大学制度下，食品科学与工程专业的人才培养不论是从结构上、质量上、水平上都无法同国家战略对食品人才的需求匹配，无法满足经济结构调整、行业转型升级、产业换档提速的发展要求，存在人力资源供给和产业需求脱节现象。因此，有必要根据21世纪国内外教学改革的发展方向，在原有基础上着眼于不断充实相关学科的新知识，在新的高度上将新知识以及社会发展的新要求体现于实验实训教材之中。为此，我们编写了《食品科学与工程专业实验实习指导用书》。

重庆三峡学院为重庆市首所倡导"绿色教育理念"、力推"绿色教育产教融合"的本科院校。食品科学与工程专业是国家首批卓越农林人才教育培养计划改革试点专业，重庆市"三特行动计划"特色专业，中美产教融合＋高水平应用型高校建设专业。多年的研究和实践教学表明：高等教育中院校教育改革的核心是建立符合学科特点和人才成长规律的课程体系，并以恰当的形式付诸实践，其中，如何使理论课程学习和相应的基本实践技能培训共同提高、全面发展，尤其值得关注。

《食品科学与工程专业实验实习指导用书》包括《化学综合实验指导》《微生物学实验指导》《三峡库区特色食品检测与分析综合实验指导》《食品工艺学实验指导》四个分册，集食品科学与工程等相关专业的主体实验内容、实习实训内容于一体，是食品科学与工程学理论与生产实践相结合的产物，是综合性与实践性很强的专业实验实习。以产业发展对人才需求为导向，产学研用相融合，将"科研促教学、科研转化教学""绿色理念""三峡库区特色优势生物资源"有机地贯穿于实验教材中，全力铸就"三峡""绿色""应用"三大品牌，改革教学内容和课程体系，使教育链、人才链与产业链、创新链有机衔接，实现专业链与产业链、课程内容与职业标准、教学过程与生产过程对接，提高本科生的实践能力、科研能力、创新能力，立足于服务区域经济社会发展的应用型人才培养，为提升对食品科学与工程专业人才培养和食品经济发展的贡献而努力。编写本套教材的目的是培养学生具备食品检验和食品加工的基础实验技能，提高学生从事食品开发的能力，结合实习实训和毕业设计（论文），完成食品工程师和食品检验师所具备的基本能力训练。

本套教材能够顺利完成，得益于各位参与者的辛勤努力和无私奉献，也得益于教育部"国家卓越农林人才教育培养计划（实用技能型）改革试点项目"、重庆市教育委员会"三特行动计划"特色专业、重庆三峡学院生物与食品基础实验教学中心和重庆市教育委员会教育教学改革项目的支持与资助。此外，本套教材的编写也得到了重庆三峡学院有关部门和领导的关心与指导。在此谨以本套教材的付梓刊印向所有支持高等教育的人们致以崇高的敬意！

应当指出，由于本套教材倡导的教学内容和思路有一些尚处于研究探索阶段，尽管参加研究和编写的专家都本着对教学高度负责的态度，反复推敲，严格把关，但缺点和错误在所难免，恳请专家同道和广大师生批评指正，多提宝贵意见，以便今后修正、充实，日臻完善。

《食品科学与工程专业实验实习指导用书》编委会

2019 年 2 月 16 日

# 前　言

　　国务院关于促进乡村产业振兴的指导意见明确指出，产业兴旺是乡村振兴的重要基础，是解决农村一切问题的前提，要做好乡土特色产业，提升农产品加工流通业。三峡库区具有丰富的特色食品资源，如梁平张鸭子、万州鱼泉榨菜、忠县豆腐、云阳雷竹、奉节脐橙、南参贡桃、向阳葡萄、红心猕猴桃、密西沟枇杷、九池草莓、溪口杨梅、龙驹百香果等，并形成了一批特色食品产业，为了促进三峡库区特色资源开发、乡土产业振兴、丰富产品的种类以及系统培养学生的创新和实践能力，特编写此实验教材。

　　本实验教材内容共分十一章，包括软饮料、果蔬制品、乳制品、糖果、粮谷、蛋制品、水产品、肉制品、发酵食品与调味品、食品感官评价以及食品工艺课程设计。其中第一、二、三、四、五、十一章由重庆三峡学院王兆丹编写，第六、七、八章由重庆三峡学院吴应梅编写，第九章由重庆三峡学院韩林、陈林编写，第十章由王兆丹和重庆市万州区高梁小学蔡红云共同编写。

　　本书选择具有理论意义的食品原料，特别是三峡库区特色食品资源加工与产品开发作为部分实验的内容，其中包括了近年来科学研究与技术开发的成果。本书具有以下特色和优势：教材编写过程中融入"科研促教学、科研转化教学""绿色发展""特色食品资源开发与利用"等理念；教材内容设置上实行三个满足，即教材内容要满足产业、社会需求，实验项目设置满足食品企业岗位需要，实验训练满足学生就业需要；实验内容体现了三峡库区的优势产业，如汇源果汁、鱼泉榨菜、天友乳业等。

　　该教材内容丰富，深入浅出，通俗易懂，可作为各大专院校食品专业的食品工艺学实验教材，还可供职业技术学校相关专业的学生、业余职业教育人员以及食品生产企业的技术人员学习参考。

　　由于编者的水平有限，书中难免有偏颇、疏漏之处，诚请同行专家和读者批评指正。

编　者
2020 年 5 月

# 目　录

# 第一章　软饮料工艺实验

## 实验一　碳酸饮料的制作

### 一、实验目的

1. 熟悉碳酸饮料的制作原理和基本过程。
2. 掌握碳酸饮料糖液配制的方法和步骤。
3. 熟悉相关仪器、设备的操作和使用。

### 二、主要仪器、设备和原辅材料

**1. 主要仪器、设备**

汽水混合机、手持糖度仪、电磁炉、不锈钢盆、不锈钢锅、杀菌锅、瓶和瓶盖等。

**2. 原辅材料**

白砂糖、二氧化碳（$CO_2$）、食用色素、黄原胶、羧甲基纤维素钠（CMC）、食用香精、猕猴桃、枇杷、柚子、百香果、杨梅等三峡库区特色水果。

### 三、实验原理

碳酸饮料（汽水）类产品是指在一定条件下充入 $CO_2$ 的饮料。碳酸饮料主要成分有碳酸水、柠檬酸等酸性物质，白糖，香料，有些含有咖啡因、人工色素。除糖类能给人体补充能量外，充气的"碳酸饮料"中几乎不含营养素。主要产品有可乐、雪碧。

其制作原理是在特定的压力作用下，使 $CO_2$ 和水密切接触，进而生成 $H_2CO_3$ 后经调配等工序制成的一种饮料；或者是在糖液中，加入果汁（或不加果汁）、酸味剂、着色剂及食用香精等制成调和糖浆，然后加入碳酸水（或调和糖浆与水按比例混合后，吸收碳酸气）而制成的饮料。

## 四、实验方法

### 1. 工艺流程（图 1 – 1）

原料 —→ 预处理 —→ 调配（可添加果汁）—→ 灌装 —→ 碳酸化 —→ 密封 —→ 杀菌冷却

图 1 – 1　碳酸饮料制作的工艺流程

### 2. 参考配方

白砂糖 0.3kg，甜蜜素 1g，防腐剂（苯甲酸钠）1g，柠檬酸 6g，日落黄 1g，胭脂红 0.005g，甜橙香精 8g（或果汁 200g）加水定容至 1L。

### 3. 操作要点

（1）糖浆的制备：称取定量的白砂糖，将白砂糖溶解到定量的水中，加热煮沸 5min，经过滤后备用。

（2）添加剂的处理：将稳定剂用温水溶解、过滤后备用。

（3）调配：根据参考配方要求将处理好的各物料混合，搅拌均匀。此时，要特别注意糖浆调配时投料的顺序：①糖浆调配的投料量最大的先调入，如糖液、果汁、水。②配料间容易发生化学反应的间开调入，如酸和防腐剂。③黏度大、易起泡的原料较迟调入，如乳化剂、稳定剂。④挥发性的原料最后调入，如香精、香料。

（4）灌装：按糖浆、水 1∶4 的比例混合后经灌装机进行灌装。

（5）碳酸化：在上述混合液中充入 $CO_2$，赋予饮料特有的口感。

（6）密封、冷却：密封后放入冰箱中冷却至 5℃。

## 五、讨论题

1. 在碳酸饮料制作过程中进行碳酸化的目的是什么？
2. 在制作碳酸饮料时，糖浆如何进行调配投料？
3. 按照实验分组对各组产品进行感官评价，对存在问题进行分析，提出改进措施。

# 实验二　果汁饮料的制作

## 一、实验目的

1. 熟悉果汁饮料的制作工艺流程和操作要点。
2. 掌握果汁饮料生产过程中相关设备的操作方法。
3. 掌握该类制品的相关知识内容，为从事相关工作打下坚实的理论和实践基础。

## 二、主要仪器、设备和原辅材料

### 1. 主要仪器、设备

水果破碎机、榨汁机、不锈钢刀、离心机、胶体磨、脱气机、高压均质机、超高温瞬时灭菌机、压盖机、不锈钢配料罐、不锈钢锅、手持糖度仪、玻璃瓶、皇冠盖、温度计、烧杯、台秤、天平等。

#### 2. 原辅材料

新鲜玫瑰香橙、猕猴桃、枇杷、杨梅、草莓、百香果等三峡库区特色水果，白砂糖，柠檬酸，亚硫酸盐溶液，胭脂红，防腐剂（苯甲酸钠）。参考配方：白砂糖9g/100g，柠檬酸0.1g/100g，亚硫酸盐溶液0.15g/100g，胭脂红0.01～0.04g/100g，防腐剂（苯甲酸钠）0.02g/100g，水70g/100g。工艺流程参照汇源果汁生产工艺并加以改进。

### 三、实验原理

果汁饮料是以水果为原料经过物理方法，如压榨、离心、萃取等得到的汁液产品，一般是指纯果汁或100%果汁。果汁按形态分为澄清果汁和混浊果汁。

果汁饮料的生产是采用压榨、浸提、离心等物理方法，破碎新鲜水果制取果汁，再加入蔗糖等甜味剂及酸味剂等混合调整后，调节适合的糖酸比，经过脱气、均质、杀菌及灌装等加工工艺，脱去氧、钝化酶、杀灭微生物等，制成符合相关产品标准的果汁饮料。常见的果汁有苹果汁、葡萄柚汁、奇异果汁、芒果汁、凤梨汁、西瓜汁、葡萄汁、蔓越莓汁、柳橙汁、椰子汁、柠檬汁、哈密瓜汁、草莓汁、木瓜汁。

### 四、实验方法

#### 1. 工艺流程（图1-2）

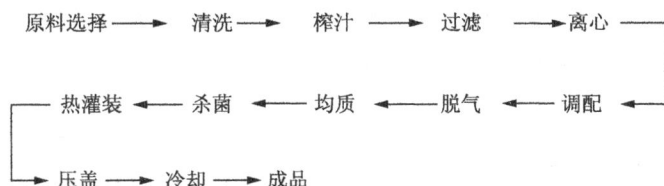

原料选择 → 清洗 → 榨汁 → 过滤 → 离心
↓
热灌装 ← 杀菌 ← 均质 ← 脱气 ← 调配
↓
压盖 → 冷却 → 成品

图1-2　果汁饮料制作的工艺流程

#### 2. 操作要点

（1）选用新鲜、无病虫害及生理病害、无严重机械伤、成熟度八至九成的玫瑰香橙，用水将表面污物杂质等清洗干净，防止误入制品造成污染。采用不锈钢刀将橙子切分，切分后的果块立即放入0.15%亚硫酸盐溶液中护色处理，然后采用离心榨汁机取汁，亦可通过不锈钢果实破碎机，先将果实破碎，然后采用打浆离心机取汁。

（2）接取榨取的橙汁用60～80目的滤筛或滤布过滤，除去渣滓，收集橙汁；然后采用果汁离心机将橙汁与其他成分分离，收集清汁。按以上橙汁饮料配方，加入蔗糖、柠檬酸、糖精钠、胭脂红、苯甲酸钠及水等，在配料罐中搅拌充分调和。甜味剂、酸味剂等必须先行溶解、过滤备用。

（3）调配后的橙汁中含有大量空气，必须进行脱气处理。在70～80℃恒温水浴条件下，利用脱气机进行脱气操作10min，然后采用高压均质机对已经脱气的橙汁进行均质，均质压力为18～20MPa，均质后进行杀菌，果汁饮料的一般杀菌条件为100℃热处理2～3min。如采用超高温瞬时灭菌机进行杀菌，则杀菌温度为115～135℃，杀菌时间为3～5s。

（4）一般条件下杀菌后的橙汁立即灌入饮料玻璃瓶或耐高温饮料塑料瓶中，压盖密封或旋紧盖子。瓶子和盖子事前必须进行清洗和消毒。瞬时灭菌条件下杀菌的果汁，在无菌条件下灌装密封。因为杀菌均为高温操作，杀菌后的橙汁余温较高，装瓶后需分段冷却至室温，即为实验成品。

### 3. 质量要求

橙汁饮料质量标准应符合 GB/T 21731－2008 的相关规定。

（1）感官要求：橙汁饮料感官质量要求见表1－1。

表1－1　橙汁饮料的感官要求

| 项目 | 特性 |
| --- | --- |
| 状态 | 呈均匀液体，允许有果肉或囊胞沉淀 |
| 色泽 | 具有橙汁应有的色泽，允许有轻微褐变 |
| 气味与滋味 | 具有橙汁应有的色泽及滋味，无异味 |
| 杂质 | 无可见外来杂质 |

（2）理化指标：橙汁饮料理化质量指标见表1－2。

表1－2　橙汁饮料理化指标

| 项目 | 非复原橙汁 | 复原橙汁 | 橙汁饮料 |
| --- | --- | --- | --- |
| 可溶性固形物(20℃，未校正酸度) | ≥10.0% | ≥11.2% | － |
| 蔗糖/(g·kg$^{-1}$) | ≤50 | | － |
| 葡萄糖/(g·kg$^{-1}$) | 20～35 | | － |
| 果糖/(g·kg$^{-1}$) | 20～35 | | － |
| 葡萄糖/果糖 | ≤1 | | － |
| 果汁含量/(g·100g$^{-1}$) | 10 | | ≥10 |

（3）微生物指标：橙汁饮料微生物指标应符合 GB/T 7101－2015 规定的相关规定。具体要求见表1－3。

表1－3　橙汁饮料微生物指标

| 项目 | 指标 | |
| --- | --- | --- |
| | 低温复原果汁 | 其他 |
| 菌落总数/(cfu·mL$^{-1}$) | ≤500 | ≤100 |
| 大肠菌群/(MPN·100mL$^{-1}$) | ≤30 | ≤3 |
| 霉菌/(cfu·mL$^{-1}$) | ≤20 | ≤20 |

| 项目 | 指标 | |
|---|---|---|
| | 低温复原果汁 | 其他 |
| 酵母/(cfu·mL$^{-1}$) | ≤20 | ≤20 |
| 致病菌(沙门氏菌、志贺氏菌、金黄色葡萄球菌) | 不得检出 | |

## 五、讨论题

1. 果汁饮料的概念和分类有哪些?

2. 果汁饮料的质量要求有哪些?

3. 以三峡库区某一特色水果为原料,设计开发一种果汁饮料,并写出工艺流程和操作要点。

# 实验三　乳酸饮料的制作

## 一、实验目的

1. 学习乳酸饮料的制作原理和掌握乳酸饮料的加工流程和操作要点。

2. 学习相关仪器和设备的操作和使用方法。

## 二、主要仪器、设备和原辅材料

### 1. 主要仪器、设备

高压均质机、恒温箱、搅拌器、榨汁机等。

### 2. 原辅材料

白砂糖,果汁(以猕猴桃、杨梅、草莓、枇杷等特色水果为原料,榨汁后获得),酸奶(奶粉),乳酸,柠檬酸,稳定剂(果胶),食用香精等。

## 三、实验原理

乳酸饮料是指以乳或乳制品为原料,在乳酸菌发酵制得的乳液中加入水以及糖和(或)甜味剂、酸味剂、果汁、茶、咖啡、植物提取液等的一种或几种调制而成的饮料。根据其是否经过杀菌处理而区分为杀菌(非活菌)型和未杀菌(活菌)型。

乳酸菌饮料最常使用的稳定剂是纯果胶或纯果胶与其他稳定剂的复合物。通常果胶对酪蛋白颗粒具有最佳的稳定性。这是因为果胶是一种聚半乳糖醛酸,在 pH 值为中性或酸性时带负电荷,将果胶加入到酸乳中时,它会附着于酪蛋白颗粒的表面,使酪蛋白颗粒带负电荷,由于同性电荷互相排斥,可避免酪蛋白颗粒间相互聚合成大颗粒而产生沉淀。考虑到果胶分子在使用过程中的降解趋势以及它在 pH 值为 4 时稳定性最佳的特点,因此,杀菌前一般将乳酸菌饮料的 pH 值调整为 3.8～4.2。

## 四、实验方法

### 1. 工艺流程(参照三峡库区某乳品企业)(图1-3)

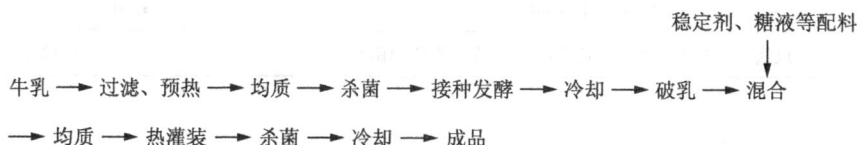

牛乳 → 过滤、预热 → 均质 → 杀菌 → 接种发酵 → 冷却 → 破乳 → 混合

（稳定剂、糖液等配料 ↓ 混合）

→ 均质 → 热灌装 → 杀菌 → 冷却 → 成品

图1-3　乳酸饮料制作的工艺流程

### 2. 典型的乳酸饮料配方

酸奶35g/100g左右(或奶粉4g/100g)，白砂糖10～12g/100g，稳定剂(果胶)0.5g/100g，20%的乳酸-柠檬酸混合液(柠檬酸:乳酸=2:1)约0.25g/100g。

### 3. 操作要点

(1)牛乳过滤、预热、均质、杀菌、接种与发酵、冷却(详见酸奶的发酵工艺)。

(2)根据配方将稳定剂与糖混合均匀后，溶解于50～60℃的软水中，待冷却到20℃后与一定量的发酵乳混合并搅拌均匀。

(3)辅料乳化净化水温度为75～85℃，水的用量为稳定剂和乳化剂的30～50倍，自溶时间为30min左右(为了加速溶解，可将稳定剂和白砂糖按1:5的比例干混后投入混料罐)。

(4)酸化温度不大于40℃，酸浓度不大于20%，配置浓度为20%的乳酸-柠檬酸溶液，并在强烈搅拌下缓慢加入酸奶中，调酸时间不少于15min，pH调至3.8～4.2即可，充分搅拌后(约10min)加入适量香精进行调香处理。

(5)将配好料的乳饮料预热到60～70℃，并于20MPa条件下利用高压均质机进行均质。

(6)均质后将乳酸奶饮料罐装于包装容器，并于85～90℃下杀菌10min后冷却。

(7)杀菌后将包装容器进行冷却至30℃以下。

### 4. 注意事项

(1)加酸时切记在高速搅拌下缓慢加入，防止局部酸度过高造成蛋白质变性。

(2)为使稳定剂发挥应有的作用，必须保证正确的均质温度和压力。

## 五、讨论题

1. 如何评价乳酸饮料的稳定性?

2. 乳酸饮料加工过程中的关键点是什么，应如何控制?

# 实验四　植物蛋白饮料的制作

## 一、实验目的

1. 通过豆奶或花生乳饮料的制造，熟悉和掌握植物蛋白质饮料的生产工艺流程及保证和提高产品质量的方法和措施。

2. 掌握相关仪器设备的操作和使用。

## 二、主要仪器、设备和原辅材料

### 1. 主要仪器、设备

磨浆机、过滤机、高压均质机、脱气罐、灌装机、压盖机等。

### 2. 原辅材料

大豆(或花生)、白砂糖、乳化剂(单硬脂肪酸甘油酯)、香精等。以三峡库区某食品集团有限公司生产的花生乳植物蛋白饮料等为参照。

## 三、实验原理

植物蛋白饮料是指用蛋白质含量较高的植物果实、种子、核果类或坚果类的果仁等为原料，与水按一定比例磨碎、除渣后加入配料制得的乳浊状液体制品。其成品蛋白质含量不低于 0.5%(m/V)。实验所用的原料(如大豆、花生、杏仁)除了含有蛋白质以外，还含有脂肪、碳水化合物、矿物质和各种酶类(如脂肪氧化酶、抗营养物质)等，这些成分在加工中的变化和作用往往会引起成品的质量问题，如蛋白质沉淀、脂肪上浮、豆腥味或苦涩味的产生、变色及抗营养因子或毒性物质的存在等。因此，改善和提高制品的口感也是生产中要十分重要的问题，要认真分析造成上述质量问题的根本原因，在实验操作时采取相应的具体措施，如添加稳定剂、乳化剂，通过热磨的方法钝化脂肪氧化酶，采取真空脱臭处理，调节均质时的压力、温度和次数等来尽量避免产生上述的质量问题。

## 四、实验方法

### 1. 工艺流程(图 1-4)

原料 ⟶ 钝化脂肪氧化酶 ⟶ 磨碎 ⟶ 分离 ⟶ 调制 ⟶ 真空脱臭 ⟶ 均质 ⟶ 灌装封口 ⟶ 高温杀菌 ⟶ 冷却 ⟶ 成品

图 1-4　植物蛋白饮料制作的工艺流程

### 2. 产品配方

大豆(或花生) 20~25g/100g，白砂糖 10~12g/100g，香精 0.1~0.2g/100g，乳化剂(单硬脂肪酸甘油酯)0.2~0.3g/100g。

### 3. 操作要点

（1）大豆浸泡：用 3 倍于大豆的水，浸泡 9h 左右，可在浸泡水中加 5% 的 NaHCO₃，目的是软化大豆细胞结构，降低磨浆时的能耗与磨损，提高胶体分散程度和浮性，增加固形物得率。

（2）钝化脂肪氧化酶：加热水磨碎大豆，热水温度一定要在 80℃以上，目的是为了钝化脂肪氧化酶，使酶失活，减少豆腥味的产生。

（3）分离：利用离心机（或筛网），把浆液和豆渣分开，采用热浆分离，可降低浆液黏度，提高固形物回收率。

（4）调制：加入砂糖、乳化剂、香精等进行混合调制，提高豆奶的口感和改善产品的风味等。

（5）真空脱臭：在真空脱臭罐中进行脱臭处理。

（6）均质：利用高压均质机对植物蛋白饮料进行均质，可采用两次均质，第一次压力为 20～25MPa，第二次压力为 25～35MPa，均质温度在 75～80℃。

（7）灌装、杀菌：121℃时，高压杀菌 15～25min。杀菌后进行分段冷却，之后利用灌装机进行灌装。

## 五、产品质量指标

### 1. 感官指标

（1）外观乳白色、无分层、沉淀现象。

（2）滋味、气味具有纯正乳香味。

### 2. 理化指标

符合 GB/T 30885 - 2014 的要求。

### 3. 微生物学指标

符合 GB/T 16322 - 2003 的要求。

## 六、讨论题

1. 提高植物蛋白饮料的稳定性有哪些方法？

2. 为什么采用两次均质？

3. 植物蛋白饮料生产过程中使用钝化脂肪氧化酶的目的是什么？

# 实验五  茶饮料的制作

## 一、实验目的

1. 了解茶饮料的生产工艺。

2. 掌握茶叶的浸提工艺。

3. 掌握茶多酚的检测方法。

4. 掌握成品的感官评定方法。

## 二、主要仪器、设备和原辅材料

### 1. 主要仪器、设备

高压蒸汽灭菌锅、夹层锅、半自动液体灌装机、手持糖度仪、过滤机、250mL 大容量离心机、捣碎机、组织捣碎机、不锈钢锅、恒温水浴锅、恒温干燥箱、721 分光光度计、精密酸度计、超高温瞬时灭菌器、高速离心机、微孔膜过滤器、中空超滤器、紫外线杀菌器、浸提罐、调配罐、比色皿、植物粉碎机、不锈钢筛、电磁炉、500mL 玻璃烧杯、500mL 量筒、耐热 PET 瓶或玻璃饮料瓶等。

### 2. 原辅材料

万州红茶、碳酸氢钠、柠檬酸、D - 异抗坏血酸钠、白砂糖、柠檬酸、磷酸氢二钠、磷酸二氢钠、酒石酸钾钠、硫酸亚铁、水果型香精、去离子水等。

## 三、实验原理

茶饮料的生产是将茶叶经粉碎、浸提、粗滤、精滤等物理方法，制取茶汁，然后加入白砂糖、柠檬酸、果汁、香精、D - 异抗坏血酸钠等混合均匀后，经过脱气、杀菌、灌装等加工工艺，脱去氧气，杀灭酶的活性，杀死微生物，制成富含茶多酚和咖啡碱，符合相关茶饮料产品标准的产品。茶饮料含有天然茶多酚、咖啡碱等茶叶的有效成分，兼有营养、保健功效，是清凉解渴的多功能饮料之一。

## 四、实验方法

### 1. 工艺流程(图 1 - 5)

茶叶 → 粉碎 → 浸提 → 过滤 → 茶多酚的测定 → 维生素C和碳酸氢钠等调和 →

加热 → 灌装 → 杀菌 → 冷却 → 成品

图 1 - 5　茶饮料制作的工艺流程

### 2. 操作要点

(1)茶叶粉碎：将茶叶用粉碎机进行粉碎，粉碎后的粒径为 60 目左右(茶叶粒径太大，则茶叶中的有效成分不容易萃取出来；粒径太小，则会为后续的过滤工序增加难度)。

(2)浸提：称取 10g 左右已粉碎的茶叶加入 500mL 的烧杯中，用去离子水稀释 25～30 倍，放入水浴锅中，在 80～90℃下萃取 15min。为了提高萃取率，也可将滤渣加入适量的去离子水，进行二次浸提。

(3)过滤：将浸提液用 250～300 目不锈钢筛或尼龙布过滤，除去浸提液中的茶渣及杂质，并迅速降低其温度。

(4)茶多酚的测定：采用酒石酸亚铁比色法，测定浸提液中的茶多酚的含量。

(5)调和：根据浸提液中茶多酚的含量，调节最终饮料。最终饮料应含有 400mg/L

以上的茶多酚，也可以根据个人嗜好加入适当的白砂糖，600mg/L 的 D - 异抗坏血酸钠，再用碳酸氢钠调节 pH 至6.0，加入适当的香精进行调和。

（6）加热：将调配好的饮料进行加热处理，饮料的温度要加热到90℃左右。

（7）灌装：趁热将调配好的饮料灌装到饮料瓶中，尽量减少顶隙，拧紧瓶盖。

（8）杀菌及冷却：将灌装好的饮料瓶放入90℃的水浴锅中进行杀菌处理，加热时间为15min，之后迅速冷却至室温。

## 五、讨论题

1. 在饮料中有哪些因素影响茶多酚的稳定性？

2. 提高茶多酚得率有哪些方法？

3. 简述茶饮料的制作工艺及操作要点？

# 实验六　猕猴桃固体饮料的制作

## 一、实验目的

1. 了解固体饮料的制作工艺和操作要点。

2. 掌握生产固体饮料时相关设备的使用方法。

3. 开发猕猴桃固体饮料，为猕猴桃的深加工提供参考。

## 二、主要仪器、设备和原辅材料

### 1. 主要仪器、设备

水果破碎机、打浆机、颗粒成型机、振动筛、白纱布（10、20、80、100 目筛）、浸提锅、过滤机、搅拌机、包装袋、封口机、恒温干燥箱、折光仪等。

### 2. 原辅材料

三峡库区红阳猕猴桃、白砂糖、麦芽糊精等。

## 三、实验原理

固体饮料是由液体饮料除去水分而制成。去除水分的目的：一是防止被干燥饮料由于其本身的酶或微生物引起的变质或腐败，以利储藏；二是便于储存和运输。

固体饮料是指以糖、乳和乳制品、蛋或蛋制品、果汁或食用植物提取物等为主要原料，添加适量的辅料或食品添加剂制成的每100g成品中水分不高于5g的固体制品。固体饮料呈粉末状、颗粒状或块状，如豆晶粉、麦乳精、速溶咖啡、菊花晶等，分蛋白型固体饮料、普通型固体饮料和焙烤型固体饮料（速溶咖啡）3 类。

## 四、实验方法

### 1. 工艺流程(图1-6)

原料选择 —→ 清洗 —→ 破碎 —→ 浸提汁液 —→ 澄清过滤 —→ 浓缩 —→ 调配 —→ 造粒 —→ 干燥 —→ 过筛 —→ 装袋 —→ 封口 —→ 成品

图1-6  猕猴桃固体饮料制作的工艺流程

### 2. 操作要点

(1)原料处理:选择成熟度良好的猕猴桃,用清水洗净,然后去皮,护色处理(采用质量分数为0.2%的$NaHCO_3$溶液与0.6%的柠檬酸溶液),然后进行破碎、打浆、过滤等处理。

(2)浸提、浓缩:将破碎打浆后的果浆,置于不锈钢锅内加热处理,直至可溶性固形物含量达20~25%时,即为浓缩果汁。

(3)调配:浓缩果实原汁1%,白砂糖粉(过80~100目细筛)38%,糊精粉(过80目细筛)36%,按上述配比称取各种原料。先将白砂糖粉、糊精粉置于搅拌机内混合均匀,然后再加入浓缩果汁,使全部原料混合均匀,成松散半干状,即"手握成团,手松即散"状态。

(4)造粒:将物料经颗粒成型机进行造粒成型,选用10目筛网,加料应均匀一致,以免堵塞筛孔。

(5)干燥:将成型后的湿晶粒均匀地铺于烘盘中,以0.5cm厚为宜,然后送于鼓风干燥箱内脱水干燥,干燥温度为65℃左右,不宜超过70℃,以免发生褐变或焦糖化使营养损失过多,经2~3h干燥,含水量达10%即可。其间应翻动、倒盘几次,以便加速干燥的进程。

(6)分级、包装:干燥后的果晶冷却后,用振动筛分级,按20目、40目分为2级,分级后尽快用包装袋包装密封,较大的晶粒轻压后再过筛,细粉可回收重新加工使用。

## 五、讨论题

1. 除猕猴桃外,还有哪些水果可用来制作固体饮料?
2. 制作固体饮料的关键工序是什么?
3. 固体饮料制作的工艺流程和操作要点是什么?

# 实验七  碳酸茶饮料的制作

## 一、实验目的

通过碳酸茶饮料的制造,熟悉和掌握碳酸茶饮料制造生产特性和工艺过程及碳酸化的设备和操作。

## 二、主要仪器、设备和原辅材料

### 1. 主要仪器、设备

过滤机、高压均质机、汽水混合机、灌装压盖机等。

### 2. 原辅材料

万州红茶、白砂糖、$CO_2$、酸味剂(柠檬酸)等食品添加剂、水等。

## 三、实验原理

茶饮料是指以茶叶的萃取液、茶粉、浓缩液为主要原料加工而成的含有天然茶多酚、咖啡碱等茶叶有效成分的软饮料。茶饮料可分为很多不同的品种。碳酸茶饮料是指含有 $CO_2$ 的茶饮料,又称茶汽水,一般是由红茶或绿茶提取液、水、甜味剂、酸味剂、香精、色素等成分调配后,加入碳酸水混合灌装而成。茶饮料的生产首先要保证制备的茶汁的质量,由于茶叶中含有复杂的成分,加工中往往出现茶汁混浊,氧化,口感、风味的变化等现象,生产中可采取冷却、酶法分解、膜过滤、微胶囊技术等方法解决。在碳酸化过程中,$CO_2$ 的溶解度与压力成正比,与温度成反比,因此要控制合适的温度和压力。

## 四、实验方法

### 1. 工艺流程(一次灌装法)(图1-7)

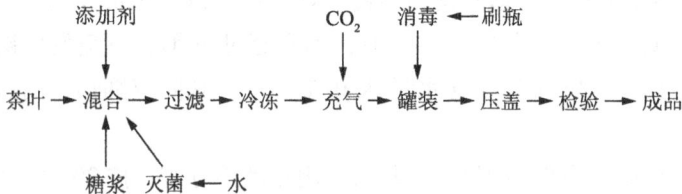

图1-7 碳酸茶饮料制作的工艺流程

### 2. 参考配方

茶叶 1.5g/100g,砂糖 4~5g/100g,山梨酸、柠檬酸 0.02g/100g 等。

### 3. 操作要点

(1)空瓶清洗:先将 2%~3% 的 NaOH 溶液加热至 50℃,然后将空瓶置于 NaOH 溶液中浸泡 5~20min,然后用毛刷将瓶子洗净,晾干备用。

(2)茶汁提取:用热水(90~95℃)将茶叶浸泡 5~10min,然后经反复过滤再与糖浆等混合。

(3)溶糖:将配制好的 75% 的浓糖液投入锅内,边加热边搅拌,升温至沸腾,撇除浮在液面上的泡沫;然后维持沸腾 5min,以达到杀菌的目的;取出冷却到 70℃,保温 2h,再冷却到 30℃ 以下。

(4)糖浆的配制:糖浆加料顺序非常重要,加料顺序不当可能会失去各原料应起的作用。其先后顺序为：茶叶、糖液、防腐剂、香精、着色剂液、抗氧剂、加水到规定容积。

(5)罐装：将定容的瓶子送入罐装机进行灌装。

## 五、产品质量指标

### 1. 感官指标
(1)颜色：黄绿色、明亮，清晰度高。
(2)滋味气味：香气浓郁、滋味可口，刹口感强。

### 2. 理化指标和微生物学指标
理化指标和微生物学指标符合 GB/T 10792 – 2008 规定的要求。

## 六、讨论题

1. 碳酸茶饮料与碳酸饮料、茶饮料的区别？
2. 为什么在操作要点中加入溶糖这一步？
3. 简述碳酸茶饮料的生产工艺流程及操作要点。

## 实验八 木瓜、胡萝卜、蜂蜜复合饮料的研制

### 一、实验目的

1. 掌握复合饮料制作工艺和操作流程。
2. 掌握原料复配的原则和方法。
3. 采用木瓜、胡萝卜、蜂蜜为原料，研制一种营养安全和具有一定保健作用的木瓜、胡萝卜、蜂蜜复合饮料，旨在开发和利用木瓜、胡萝卜等果蔬资源，丰富饮料消费市场以及促进三峡库区相关产业的发展。

### 二、主要仪器、设备和原辅材料

#### 1. 主要仪器、设备
榨汁机、电子天平、立式自动压力蒸汽灭菌器、高压均质机、恒温水浴锅、过滤网、烧杯、容量瓶等。

#### 2. 原辅材料
綦江木瓜、胡萝卜、蜂蜜、白砂糖、柠檬酸、食用香精、食用色素等。

### 三、实验原理

复合饮料，特别是天然果蔬汁复合饮料，由于其绿色健康、营养安全，并具有一定的保健功效，在世界范围内受到消费者的青睐。随着消费者对果蔬汁饮料的需求量逐年增大，市场前景看好。复合饮料是以两种或者两种以上的果汁(浆)或浓缩果汁(浆)为

原料，添加或不添加其他食品原辅料和（或）食品添加剂，经加工制成的制品。在制作复合饮料时，在原料选择上要注意营养互补和口味协调的原则。本实验依据复合饮料制作工艺流程，结合三峡库区拥有的食品资源，开发了一种营养丰富、具有一定保健功效的复合饮料。

## 四、实验方法

### 1. 工艺流程

（1）木瓜汁提取工艺：见图1-8。

木瓜选择（无腐烂、无疤）——→ 去皮 ——→ 切块（均匀）——→ 脱涩（30～32℃
水浸泡4h）——→ 软化（95～100℃水中，3～5min）——→ 榨汁（放入榨汁机中榨汁）
——→ 粗滤（用网筛过滤）——→ 澄清木瓜汁

图1-8  木瓜汁提取的工艺流程

（2）胡萝卜汁提取工艺：见图1-9。

胡萝卜 ——→ 清洗去皮（除去外皮，清洗1min）——→ 切片（厚度2～3mm）——→ 蒸煮
（0.1MPa的蒸汽蒸煮15min，间歇排气）——→ 打浆（添加0.1%的柠檬酸，防止胡萝卜凝聚）
——→ 保温浸提（浆体加水5倍，50℃，加入0.01%的果胶酶，浸提2～3h，并不断搅拌）——→
离心过滤（3000r/min）——→ 胡萝卜汁

图1-9  胡萝卜汁提取的工艺流程

（3）复合饮料制作工艺：见图1-10。

木瓜汁+胡萝卜汁 ——→ 复配 ——→ 调配 ——→ 均质（30～40MPa）——→ 调整糖酸度
（根据口感）——→ 预热（60～85℃）——→ 超高温瞬时杀菌（130℃，4～5s）——→ 灌装
——→ 封口 ——→ 成品

图1-10  复合饮料制作的工艺流程

### 2. 混合果汁（木瓜汁、胡萝卜汁）配比的确定

固定木瓜汁的量为25mL、27mL、29mL三个水平，依次加入不同量的胡萝卜汁（10mL、11mL、12mL）进行复配，根据感官评价标准（色泽、外观30分，口感40分，滋味30分，总分为100分）选出合适的混合果汁复配比例。具体评价方法如下：选12位同学根据上述感官评价标准进行打分，分别除去一个最高分、一个最低分，将其余10组数据求平均值。

### 3. 复合饮料最佳配方的确定

确定混合果汁的最佳配比后，以混合果汁添加量、蜂蜜添加量、白砂糖添加量、柠檬酸添加量为4个研究因素，每个因素设置3个水平，见表1-4。因素水平的设计依据单因素试验的结果和前人的研究基础。在感官评价的基础上，根据正交试验结果来确定复合饮料的最佳工艺配方。

表1-4 复合饮料配方正交试验因素水平表

| 水平 | 因素 | | | |
|---|---|---|---|---|
| | A混合果汁/(g·100g$^{-1}$) | B蜂蜜/(g·100g$^{-1}$) | C白砂糖/(g·100g$^{-1}$) | D柠檬酸/(g·100g$^{-1}$) |
| 1 | 30 | 1.0 | 4.5 | 0.07 |
| 2 | 35 | 1.5 | 5.0 | 0.10 |
| 3 | 40 | 2.0 | 5.5 | 0.13 |

**4. 产品感官评价方法**

主要通过感官评价判断产品的优劣，主要评价产品的色泽、口感、香味、组织形态。感官评价标准见表1-5。

表1-5 产品感官指标评价标准

| 项目 | 感官评分标准 | 得分 |
|---|---|---|
| 色泽 | 呈橙红色，色泽鲜艳适中，色泽较均匀 | 20 |
| 口感 | 有特定水果味，可口柔和 | 30 |
| 香味 | 香味清淡，沁人，充分体现特有香味 | 30 |
| 组织形态 | 外观均匀浑浊、无分层现象 | 20 |

# 五、结果分析

**1. 混合果汁配比的确定**

对不同配比的混合果汁按感官评价标准打分，将结果填入表1-6中。

表1-6 混合果汁配比的确定

| 木瓜汁(mL) | 胡萝卜汁(mL) | 色泽(分) | 口感(分) | 风味(分) | 综合评分 |
|---|---|---|---|---|---|
| | | | | | |
| | | | | | |
| | | | | | |

**2. 复合饮料配方的确定**

按复合饮料最佳配方的确定进行操作，对复合饮料的配方进行 $L_9(3^4)$ 正交试验，依据感官评价标准(表1-5)对产品进行评分，试验结果填入表1-7。

表1-7 复合饮料配方正交试验表

| 试验号 | A混合果汁 | B蜂蜜 | C白砂糖 | D柠檬酸 | 评分 |
|---|---|---|---|---|---|
| a | 1 | 1 | 1 | 1 | |
| b | 1 | 2 | 2 | 2 | |
| c | 1 | 3 | 3 | 3 | |
| d | 2 | 1 | 2 | 3 | |

| 试验号 | A 混合果汁 | B 蜂蜜 | C 白砂糖 | D 柠檬酸 | 评 分 |
|---|---|---|---|---|---|
| e | 2 | 2 | 3 | 1 | |
| f | 2 | 3 | 1 | 2 | |
| g | 3 | 1 | 3 | 2 | |
| h | 3 | 2 | 1 | 3 | |
| i | 3 | 3 | 2 | 1 | |
| $K_1$ | | | | | |
| $K_2$ | | | | | |
| $K_3$ | | | | | |
| 极差 R | | | | | |
| 主次顺序 | | | | | |
| 优水平 | | | | | |
| 优组合 | | | | | |

## 六、实验结论

依据实验的结果，撰写实验报告，对整个实验进行综合性描述，给出一个科学合理的结论，并讨论实验过程中存在的问题以及提出改进措施。

# 实验九　纯净水的制作

## 一、实验目的

1. 掌握饮用纯净水的生产过程。
2. 学会几种水处理的方法。

## 二、主要仪器、设备和原辅材料

### 1. 主要仪器、设备
砂滤器、活性炭过滤器、微滤装置、二级反渗透装置、臭氧杀菌机、灌装机、封口机、纯净水瓶或桶等。

### 2. 原辅材料
自来水、NaCl 等。

## 三、实验原理

饮用纯净水是以符合生活饮用水卫生标准的水为原料，通过电渗析法、离子交换法、反渗透法、蒸馏法或其他适当的方法净化后制得的、密封于容器中且不含任何添加物的可直接饮用的水。

目前纯净水的生产主要采用反渗透法和蒸馏法，一般的纯净水是采用反渗透法生产的。在反渗透法中有时也可以结合使用电渗析法或离子交换法，而单独使用电渗析法或离子交换法的比较少。蒸馏水的生产过程是自来水经过过滤、消毒、水软化等预处理，然后经过高温加热成蒸汽，最后冷凝成水。

## 四、实验方法

### 1. 工艺流程（图 1-11）

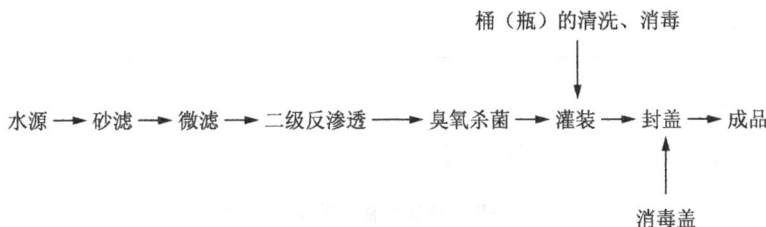

图 1-11 纯净水制作的工艺流程

### 2. 操作要点

（1）水源：选择适合生活饮用标准的水，如自来水。

（2）砂滤：引水通过砂滤罐进行砂滤，使水中的悬浮物及胶体物质被截留在石英砂空隙和表面上。

（3）活性炭过滤：将经过砂滤的水引入活性炭过滤器，缓慢滤过。活性炭能有效吸附水中的有机物和余氯，并能有效去除水中的一些金属离子，从而降低水的浊度和色度。

（4）微滤：微滤是一种精密过滤，微滤的孔径范围一般为 $0.1 \sim 10 \mu m$，可滤出水中的细小微粒，如部分病毒、细菌和胶体。

（5）二级反渗透：纯净水的生产一般采用一级、二级反渗透装置串联使用，当进水电导为 $400 \sim 800 s/cm$ 时，出水电导应达到小于或等于 $10 s/cm$ 的国家标准。利用反渗透的筛分作用，可以达到在常温状态下，粒子范围内工业化、低成本净化水质的目的。反渗透操作结束后将水引入储水罐中进行储存。

（6）臭氧杀菌：通过增压泵将水泵入臭氧机进行灭菌处理。臭氧浓度要达到 $0.4 \sim 0.5 mg/L$ 临界质量浓度，接触时间大于 $5 min$ 就可以将细菌基本杀灭。控制臭氧量使出口臭氧质量分数达到国家规定的 $0.4 mg/L$ 标准。

（7）桶（瓶）清洗、消毒：采用高压喷淋方法进行预清洗，再由机器进行自动清洗。采用 2 次次氯酸钠清洗，第 1 次 NaClO 浓度为 $(10 \sim 20) \times 10^{-6}$，第 2 次 NaClO 浓度为 $(1 \sim 2) \times 10^{-6}$。

（8）瓶盖消毒：采用紫外或臭氧对瓶盖进行消毒。

（9）灌装、封盖：将成品纯净水通过灌装机灌入容器中，然后在专用封盖机上进行封盖。

## 五、实验结果

### 1. 关键数据记录

操作过程中需按表1-8记录关键数据。

表1-8 关键数据记录

| 项目 | 条件 | 项目 | 条件 |
|------|------|------|------|
| 砂滤 |  | 活性炭过滤 |  |
| 微滤 |  | 二级反渗透 |  |
| 臭氧杀菌 |  | 容器消毒 |  |

### 2. 评分标准

指导教师按照表1-9对每小组进行评分。

表1-9 纯净水制作的结果评分

| 项目 | 内容 | 技能标准 | 满分 | 评分 |
|------|------|----------|------|------|
| 1 | 砂滤 | 操作正确 | 5 |  |
| 2 | 活性炭过滤 | 操作正确 | 10 |  |
| 3 | 微滤 | 操作正确 | 10 |  |
| 4 | 二级反渗透 | 明确反渗透原理；能熟练操作反渗透装置；反渗透条件控制合理 | 15（每项5分） |  |
| 5 | 容器的清洗和消毒 | 清洗方法合理；清洗干净；消毒方法合理；消毒效果好 | 20（每项5分） |  |
| 6 | 装罐、封盖 | 能熟练使用灌装机和封口机；封口效果严密 | 20（每项10分） |  |
| 7 | 产品的感官质量 | 产品清澈、光检合格；无不良气味，口感好 | 20（每项10分） |  |

## 六、讨论题

1. 在制作纯净水的过程中使用的两种过滤器主要除去的是那些杂质？
2. 使用反渗透设备应注意哪些事项？
3. 为什么经过臭氧消毒后应立即进行灌装？

## 实验十 矿物质水的制作

## 一、实验目的

1. 掌握矿物质水的制作原理和工艺流程。

2. 认识和了解几种人工矿化材料。

## 二、主要仪器、设备和原辅材料

### 1. 主要仪器、设备

纱布、电磁炉、温度计、高速离心机、板框式过滤机、砂芯过滤剂、高压蒸汽杀菌锅等。

### 2. 原辅材料

优质地下水、麦饭石、蔗糖、柠檬酸、蜂蜜等。

## 三、实验原理

矿物质水是在纯净水的基础上添加少量矿化元素制成的，是一种人工矿泉水。矿物质水指通过人工矿泉水器，至少有一项元素或组分达到标准中规定的界限指标的水。

近年来，利用二氧化碳侵蚀难溶的碱土碳酸盐（碳酸钙、碳酸镁、碳酸锶等）制成的以阴离子碳酸氢根占优势的矿化水是人工矿化水工艺的一个重要发展。经专家分析，麦饭石里含有微量放射性元素氡，是治疗癌症的天然矿石。一般自来水中不含有正的水合离子，经过麦饭石矿化后，其中 $H_3O^+$ 的质量浓度可以达到 2.84mg/L，而从化学观点出发，$H_3O^+$ 很容易与大气中的氧组成电极位，加快人体代谢。

麦饭石使普通的自来水或者受到污染的水转化为矿化水，机理主要有以下几个方面：①麦饭石具有强烈的吸附性能，对重金属铅、镉、铬、汞、铜、锌、锰、镍和放射性元素铀、钍、镭等有吸附性作用，对水中的氢化物、钛酸酯及致病杂菌等也有很强的吸附能力。②麦饭石同时具有溶解能力，能够溶出锌、锰、锂、钼、硅、硼等多种微量元素，从而使普通水变成人工矿泉水。③麦饭石还具有调节水的 pH 值的性能，对生物生长有利。④麦饭石还具有降氟除氯的功能，可使酸性水、碱性水成为中性水，而有利于水质净化和环境保护。

## 四、实验方法

### 1. 工艺流程（图1–12）

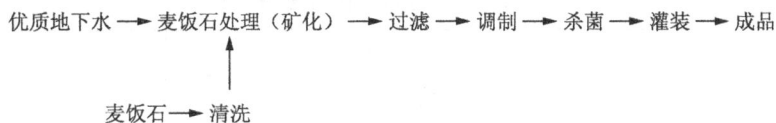

优质地下水 ——→ 麦饭石处理（矿化）——→ 过滤 ——→ 调制 ——→ 杀菌 ——→ 灌装 ——→ 成品

麦饭石 ——→ 清洗

图1–12　矿物质水制作的工艺流程

### 2. 操作要点

（1）水源：人工矿化水的原料水，应尽可能地纯净，不受任何污染。因为在制成矿化水时还要外加一些成分，所以水基最好矿化度低一些。

（2）麦饭石的选择及清洗：麦饭石的粒度是影响矿化效果的主要因素之一。研究发现，麦饭石越细，矿化液中矿化度越高，Ca、Na、Mg 元素在矿化液中的比例越低，而

Fe、Mn、Zn、Cu 以 0.18mm 粒度的麦饭石溶出效果最好。选择粒度为 0.18mm 的麦饭石，用清水冲洗至无浑浊，备用。

（3）麦饭石的处理：将洁净的地下水与经过清洗的麦饭石按照 25～30g/L 比例混合，处理 4～8h，使麦饭石溶出其有益元素。麦饭石量是影响矿化效果的主要因素之一。麦饭石量越多，矿化度越高，溶出元素越多。但考虑到成本，以 25～30g/L 比例为宜。麦饭石重复使用不能超过 3 次。

（4）过滤：矿化结束后，应分离麦饭石。生产上采用板框过滤机与砂芯过滤器相连过滤。实验室可采用纱布粗滤与离心精滤相结合。

（5）调制：根据口感配方，可加入适量的糖、蜂蜜、柠檬酸等调成酸甜口味的矿物质水；也可加入一定量的果汁，调配成各种果味饮料；或按照《食品添加剂使用卫生标准》（GB/T 2760 - 2014）的规定与限量添加其他物质，调成不同口味的矿泉水。

（6）杀菌：麦饭石矿化水营养价值高，但易滋生细菌，必须进行杀菌。通常采用加热蒸汽灭菌，加热至 90～100℃，杀菌 5～10min。

（7）灌装：杀菌后的矿化水（或饮料）应趁热在无菌条件下进行灌装，并迅速冷却至室温。

## 五、实验结果

### 1. 关键数据记录

操作过程中需要按照表 1 - 10 记录关键性数据。

表 1 - 10　关键数据记录

| 项目 | 数据 | 项目 | 数据 |
|---|---|---|---|
| 过滤条件 | | 容器消毒条件 | |
| 灌装条件 | | 麦饭石用量/(g·100mL$^{-1}$) | |
| 杀菌条件 | | 矿化时间/(h) | |

### 2. 评分标准

指导教师按照表 1 - 11 对每小组进行评分。

表 1 - 11　矿物质水制作的结果评价

| 项目 | 内容 | 技能标准 | 满分 | 评分 |
|---|---|---|---|---|
| 1 | 原水的选择 | 选择低矿化度的优质地下水或纯净水 | 5 分 | |
| 2 | 麦饭石的选择及清洗 | 选择合适粒径的麦饭石；进行彻底的清洗，洗至无浑浊 | 10 分（每项 5 分） | |
| 3 | 矿化处理 | 处理条件合适 | 10 分 | |
| 4 | 麦饭石的分离及水的过滤 | 麦饭石分离完全；水通过过滤得以充分净化 | 10 分（每项 5 分） | |
| 5 | 杀菌 | 杀菌方式正确，参数合理 | 10 分 | |
| 6 | 容器的清洗和消毒 | 清洗方法合理；清洗干净；消毒方法合理；消毒效果好 | 20 分（每项 5 分） | |

| 项目 | 内容 | 技能标准 | 满分 | 评分 |
|---|---|---|---|---|
| 7 | 灌装、封盖 | 能熟练使用灌装机和封口机；封口严密 | 10 分<br>（每项 5 分） | |
| 8 | 产品感官质量 | 产品矿化度合理；口味好 | 15 分 | |
| 9 | 风味矿物质水的制作 | 合理选择配料及添加剂；量的使用和加入顺序正确 | 10 分<br>（每项 5 分） | |

## 六、讨论题

1. 二氧化碳在矿物质水中的重要作用是什么？
2. 常见的人工矿化方法有哪些？其机理是什么？
3. 简述矿物质水的生产工艺流程及操作要点。

# 实验十一　运动饮料的制作

　　GB/T 15266 - 2009 中将运动饮料定义为：营养素及其含量能适应运动或体力活动人群的生理特点，能为机体补充水分、电解质和能量，可被迅速吸收的饮料。与其他饮料产品一样，运动饮料非常注重风味特性和营养。运动饮料的主要成分有水分、维生素、糖类、无机盐、氨基酸及其他物质。运动饮料的产品分类按照性状可分为充气运动饮料和不充气运动饮料。不充气运动饮料又分为不充气液体运动饮料和固体运动饮料。其理化指标的规定见表 1 - 12。本实验以大豆肽运动饮料为例介绍其制作过程。

表 1 - 12　运动饮料的理化指标

| 项目 | 指标 |
|---|---|
| 可溶性固形物(20℃时折光计法)/（%） | 3.0 - 8.0 |
| 钠/（mg·L$^{-1}$） | 50 - 1200 |
| 钾/（mg·L$^{-1}$） | 50 - 250 |

　　注：1. 食品添加剂和食品营养强化剂应符合 GB/T 2760 - 2014 和 GB/T 14880 - 2012 的规定。

　　　　2. 抗坏血酸、硫胺素及其衍生物、核黄素及其衍生物为（或可）添加成分，在直接饮用产品中，抗坏血酸不超过120mg/L，硫胺素及其衍生物为3～5mg/L，核黄素及其衍生物为2～4mg/L。

## 一、实验目的

1. 了解和掌握运动型饮料的营养特殊性的要求。
2. 掌握大豆肽运动饮料的生产过程及原理。

## 二、主要仪器、设备和原辅材料

### 1. 仪器、设备
电子天平、pH 计、配料罐、手持糖度仪、恒温水浴槽、高压均质机、胶体磨、杀菌剂等。

### 2. 原辅材料

大豆多肽、蔗糖、柠檬酸、苹果酸、蜂蜜、西柚浓缩汁、抗坏血酸、羧甲基纤维素（CMC）、食盐等。

## 三、实验原理

大豆多肽是大豆蛋白的水解产物，分子量一般在 500～1200D，具有良好的溶解性、低黏度和抗凝胶形成性，易于消化，具有增强人体机能，促进肌红细胞复原和抗疲劳等作用。本试验以大豆多肽为主料，并加入适量的辅料，经调配、过滤、均质、脱气、杀菌等工序而制备出一种具有较高营养价值的运动饮料。

## 四、实验方法

### 1. 工艺流程（图 1-13）

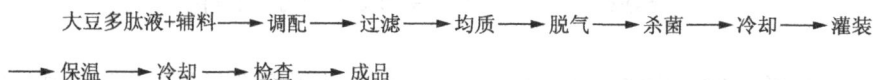

大豆多肽液+辅料 ⟶ 调配 ⟶ 过滤 ⟶ 均质 ⟶ 脱气 ⟶ 杀菌 ⟶ 冷却 ⟶ 灌装 ⟶ 保温 ⟶ 冷却 ⟶ 检查 ⟶ 成品

图 1-13　运动饮料制作的工艺流程

### 2. 基本配方

大豆多肽 0.5～1.5g/100g，蔗糖 2.0～8.0g/100g，蜂蜜 2.0g/100g，西柚浓缩汁 1.0g/100g，酸味剂（$m_{抗坏血酸}:m_{苹果酸}:m_{柠檬酸}=1:1:1$）2.0～3.0g/100g，增稠剂 CMC 0.05～0.15g/100g，食盐 0.8g/100g。

### 3. 确定最适的配方

利用 $L_9(3^4)$ 正交试验表（表 1-13）确定大豆多肽、酸味剂、增稠剂、蔗糖的最适配比。以大豆多肽、酸味剂、增稠剂、蔗糖为 4 个研究因素，每个因素设置 3 个水平进行正交试验。

**表 1-13　大豆肽运动饮料配方正交试验表**

| 试验号 | A 大豆多肽 | B 蔗糖 | C 增稠剂 | D 酸味剂 | 口感评分 |
|---|---|---|---|---|---|
| a | 1 | 1 | 1 | 1 | |
| b | 1 | 2 | 2 | 2 | |
| c | 1 | 3 | 3 | 3 | |
| d | 2 | 1 | 2 | 3 | |
| e | 2 | 2 | 3 | 1 | |
| f | 2 | 3 | 1 | 2 | |
| g | 3 | 1 | 3 | 2 | |
| h | 3 | 2 | 1 | 3 | |
| i | 3 | 3 | 2 | 1 | |

续 表

| 试验号 | A 大豆多肽 | B 蔗糖 | C 增稠剂 | D 酸味剂 | 口感评分 |
|---|---|---|---|---|---|
| $K_1$ | | | | | |
| $K_2$ | | | | | |
| $K_3$ | | | | | |
| 极差 R | | | | | |
| 主次顺序 | | | | | |
| 优水平 | | | | | |
| 优组合 | | | | | |

## 五、实验结果

操作过程中按表 1-14 记录关键性数据，按照表 1-15 描述饮料的感官特性，并对实验结果进行分析和总结。

表 1-14 关键数据记录表

| 项目 | 数据 | 项目 | 数据 |
|---|---|---|---|
| 配料比例 | | 罐装条件 | |
| 饮料的 pH 值 | | 感官描述 | |
| 均质脱气条件 | | 可溶性固形物含量 | |
| 杀菌条件 | | 总糖 | |

表 1-15 成品感官描述标准

| 指标 | 满分 | 评价标准 | 评分 |
|---|---|---|---|
| 色泽 | 10 分 | 呈浅黄色，溶液透明 | |
| 气味 | 10 分 | 自然、芳香、无豆腥味 | |
| 状态 | 20 分 | 流动性好，组织细腻，无沉淀<br>（固形物含量低）；常温下 3 个月不分层，无沉淀 | |
| 口感 | 60 分 | 酸甜适口，无苦味，无异味 | |

## 六、讨论题

1. 如何掩盖大豆肽的苦味？

2. 影响该饮料风味的主要因素有哪些？

3. 简述大豆肽运动饮料的生产工艺流程及操作要点？

# 实验十二　软饮料工艺综合实验

## 一、实验目的

1. 熟练掌握软饮料类产品的研发流程。
2. 能利用三峡库区特色食品资源开发一种新型软饮料类产品。
3. 掌握相关仪器和设备的使用。
4. 培养学生综合运用所需知识的能力，独立分析、解决实际生产问题的能力。

## 二、主要仪器、设备和原辅材料

### 1. 主要仪器、设备

食品工程中心设备、果蔬加工实验室设备等。

### 2. 原辅材料

一种或几种三峡库区特色食品资源，市售各种食品添加剂、香辛料等。

## 三、实验原理

利用前面所学各种软饮料制作原理，研发一种新型产品。采用正交试验或者响应面法对该产品的工艺进行优化。

## 四、实验方法

1. 简述产品的生产工艺流程。
2. 简述产品操作要点。

## 五、产品质量评价

1. 感官评价。
2. 理化分析。
3. 微生物学指标分析。

## 六、结果与分析

1. 对实验结果进行描述。
2. 对实验结果进行分析和讨论。

## 七、综合实验设计要求

每 3～5 人一组，在查阅相关资料的基础上，完成设计方案说明书，经老师审批后，进行实验并写出综合实验报告。综合性实验的成绩由四个方面组成：设计方案说明书占20%，综合实验报告占40%，产品占30%，课堂表现占10%。

# 第二章　果蔬制品工艺实验

## 实验一　果蔬干制品的制作

### 一、实验目的

1. 了解果蔬干制品的类型及特点，通过实验使学生熟悉果蔬干制品的主要制作工艺及操作要点，进一步全面掌握该类制品的相关知识内容。

2. 熟悉相关仪器、设备的操作和使用。

### 二、主要仪器、设备和原辅材料

#### 1. 主要仪器、设备

清洗机、不锈钢刀具、果蔬切分机、热烫容器、连续预煮机、烘箱等。

#### 2. 原辅材料

万州新鲜无花果、新鲜胡萝卜、1.5%～2.5%亚硫酸盐溶液等。

### 三、实验原理

干制又称干燥或脱水，是指自然条件或人工控制条件下促使果蔬中水分蒸发、散失的工艺过程。制品经过干制，果品含水量从70%～90%下降至15%～25%，蔬菜含水量从75%～95%下降至3%～6%。干制可以延长制品的保藏期，同时赋予制品不同的风味。果蔬干制品主要包括果干和脱水蔬菜。

新鲜果蔬含水量高，其中游离水占大部分，易受微生物污染产生腐败。经干制后的果蔬加工品，水分大部分被除去，在降低含水量的同时，相对地增加内容物的浓度，提高了渗透压或降低了水分活度，最终可以有效地抑制微生物活动和果蔬本身酶的活性，使得产品得以长时间保存。

## 四、实验方法

### (一)无花果果干的制作

#### 1. 工艺流程(图2-1)

原料选择 ——→ 清洗 ——→ 去蒂 ——→ 分切 ——→ 摊铺 ——→ 干燥 ——→ 回软 ——→ 分级 ——→ 包装 ——→ 成品

图2-1 无花果果干制作的工艺流程

#### 2. 操作要点

(1)选择成熟的无花果,剔除烂果、虫害果和其他物理杂质,清水冲洗后,切去果柄。小果品种不用分切,大果品种可一分为二,切条或切块,目的是加大物料与干燥介质的接触面,提高物料的透气、透水性能,节约干燥时间,减少能量消耗。

(2)将切分好的果料浸泡于1.5%~2.5%亚硫酸盐溶液中进行护色处理,防止果肉氧化褐变,影响产品色泽。

(3)采用人工干制方法,将果料平摊在大平面容器中进行干燥,在加温的同时注意通风和排气,以利于水分蒸发,开始烘烤温度要高些,需80~85℃,后期温度低些为50~55℃,干燥时间一般在6~12h,以果品含水量达到要求为准,无花果果干的含水量一般为20%左右。

(4)将干燥的无花果果干堆集在塑料薄膜之上,上面再用塑料薄膜盖好,回软2~3d,然后按照果干制品块形大小等标准进行拣选分级,最后将分级后的果干进行包装,即为实验果干成品。

### (二)脱水胡萝卜制作

#### 1. 工艺流程(图2-2)

原料选择 ——→ 整理 ——→ 煮烫 ——→ 水冷 ——→ 烘干 ——→ 封闭 ——→ 分装 ——→ 成品

图2-2 脱水胡萝卜制作的工艺流程

#### 2. 操作要点

(1)使用台秤称取一定重量的胡萝卜,要求所选物料可食率高、成熟度适宜、新鲜、风味好、无腐烂和严重损伤等。将选好的胡萝卜用人工或机械清洗,清除附着的泥沙、杂质、农药和微生物,使原料基本达到脱水加工的要求,保证产品的卫生和安全。将不合格及不可食部位去除,并适当切成片状、丁状或条状。去除原料的外皮或蜡质,可提高产品的食用品质,又有利于脱水干燥。

(2)切分后将物料在开水锅中进行热烫处理,一般热烫时间为2min,操作要避免热烫过度,造成营养成分损失过量。一般以过氧化物酶失活的程度来检验热烫是否适当。具体的方法是将经热烫后的原料切开,在切面上分别滴几滴0.1%愈创木酚(或联苯胺)和0.5%过氧化氢。若变色(褐色或蓝色),则热烫不足;若不变色,则表示酶已失去活性。

(3)热烫后将原料立即放入冷水中浸渍散热,并不断冲入新的冷水,待盆中水温与冲入水的温度基本一致时，将蔬菜捞出，沥干水分后便可放入烘箱烘烤。

（4）烘干时，将经煮烫、晾好的蔬菜均匀地摊在烘盘里，然后放入烘箱内架上，温度控制在32~42℃，每隔30min检查烘箱温度1次，同时不断翻动烘盘里的蔬菜，加快干燥速度，一般需经过14h左右。当蔬菜体内水分含量降至20%左右时，可在蔬菜表面均匀地喷洒0.1%的山梨酸或碳酸氢钠、安息酸钠等防腐防霉保鲜剂。喷完后即可封闭，将烘干的胡萝卜放入构造严密的密封箱中，在烘箱中密封暂存10h左右，尽量使干制制品含水量均匀一致，保障产品的稳定性。

（5）烘干出箱的干制胡萝卜冷却后装入塑料袋中密封，按重量、块形等规格将制品分别进行包装，即为实验成品。

## 五、质量要求

### 1. 感官指标

（1）外观：要求整齐、均匀、无碎屑。对片状干制品要求片型完整，厚薄基本均匀，干片稍有弯曲或皱缩，但不能严重弯曲，无碎片；对块状干制品要求大小均匀，形状规则；对粉状产品要求粉体细腻，粒度均匀，不黏结，无杂质。

（2）色泽：应与原有果蔬色泽相近或一致。

（3）风味：具有原有果蔬的气味和滋味，无异味。

### 2. 指标要求

（1）理化指标：主要是含水量指标，果干的含水量一般为15%~20%，脱水菜的含水量一般为6%左右。

（2）微生物指标：一般果蔬干制品无具体微生物指标，产品要求不得检出沙门菌、志贺菌及金黄色葡萄球菌等致病菌。

（3）保质期：干制品的保藏期要求较长，一般在6个月以上。

## 六、讨论题

1. 干制品在贮藏中应注意些什么问题？有哪些可能的变质现象？如何防治？
2. 果蔬干制的方法有哪些？你认为三峡库区哪些果蔬可以进行干制加工？
3. 影响果蔬干制的主要因素有哪些？

# 实验二 果蔬罐头的制作

## 一、实验目的

1. 学会并掌握罐头制作的原理及方法。
2. 了解罐头的生产设备及使用方法。
3. 了解罐头的生产工艺条件及配方组成。
4. 了解产品的主要理化指标及检测方法。

## 二、主要仪器、设备和原辅材料

### 1. 主要仪器、设备

高压蒸汽灭菌锅、不锈钢锅、不锈钢刀具、台秤、电子天平等。

### 2. 原辅材料

白砂糖、柠檬酸、食盐、苹果、梨、三峡库区红橘、万州玫瑰香橙、红心柚子等。

## 三、实验原理

罐头食品是指将符合要求的原料经过处理、调配、装罐、密封、杀菌、冷却及无菌灌装，达到商业无菌要求，在常温下能够长期保存的食品。罐头食品制作有两大关键点，分别是密封和杀菌。

市场上有谣言称罐头食品采用真空包装或添加防腐剂可以达到长期贮存的效果。实际上罐头食品先经过密封包装而非真空，再经严格的杀菌工艺，达到商业无菌。罐头本质上不可能使用真空技术来阻止细菌的繁殖，严格意义上来说也不需要添加防腐剂。

罐头食品杀菌的首要目的在于杀死一切对罐内食品起败坏作用和产毒致病的微生物，同时钝化能造成罐头品质变化的酶，使食品得以稳定保存；其次是起到一定的烹调作用，用以改进食品的质地和风味，使其更符合消费者的食用要求。

## 四、实验方法

### 1. 工艺流程（图2-3）

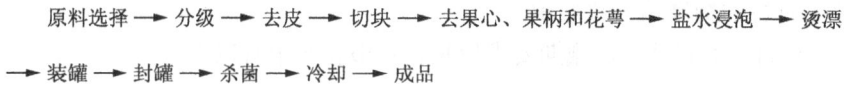

原料选择 ⟶ 分级 ⟶ 去皮 ⟶ 切块 ⟶ 去果心、果柄和花萼 ⟶ 盐水浸泡 ⟶ 烫漂

⟶ 装罐 ⟶ 封罐 ⟶ 杀菌 ⟶ 冷却 ⟶ 成品

图2-3 果蔬罐头制作的工艺流程

### 2. 制作过程

（1）苹果罐头

1）操作要点

①原料：选择新鲜多汁、成熟度在八成以上、组织紧密、风味正常的果实。用不锈钢水果刀削去轻微机械损伤部位。

②分级：按果实横径分为60～67mm、68～75mm、75mm以上三级，分别用清水清洗干净。

③去皮：去果皮厚度在1.2mm以内，去皮后迅速浸入盐水中。

④切块：用不锈钢水果刀纵切对半，大型果实可切4～6块。

⑤去果心、果柄和花萼：用刀挖净果心、果柄和花萼，消除残留果皮。

⑥盐水浸泡：将切好的果块立即投入1%～2%盐水中进行护色处理。

⑦烫煮：将果块倒进锅中烫漂，水温为80～100℃，经5～8min捞出。再在70～

80℃热水中浸洗去杂，然后取出放入竹篮内，沥去水分。

⑧装罐：趁热将果块装入灭菌后的玻璃罐中，每罐装果肉约300g，加糖水200g。罐盖与胶圈先在沸水中煮5min。

⑨糖水配制：75kg水中加入25kg砂糖和150g柠檬酸，加热溶化后用绒布过滤。装罐时糖水温度应保持在85℃以上。

⑩封罐：趁热封罐，封罐前罐子的中心温度不低于75℃。

⑪杀菌、冷却：封罐后即投入沸水中杀菌，时间为15～20min，然后进行分段冷却。

2）质量标准

①果肉呈淡黄色、淡青色或黄白色，色泽比较一致。糖水较透明，允许存在少量不起混浊的果肉碎屑。

②具有糖水苹果罐头应有的风味，甜酸适度，无异味。

③同一罐中规格一致，果块形状较完整，大小大致均匀，软硬适中，无腐烂、虫蛀和机械伤果。

④果肉重不低于净重的55%，糖水浓度（开罐时按折光计）为14%～18%。

（2）梨罐头

1）操作要点

①原料选择：应选择新鲜饱满，成熟度七至八成，肉质细，石细胞较少，风味正常，无霉烂、冻伤、病虫害和机械伤的果实。果实横径标准：莱阳梨和雪花梨为65～90mm，鸭梨和长把梨为60mm以上，白梨为55mm以上，个别品种可在50mm以下。

②清洗：用清水洗净表皮污物，在0.1%的盐酸液中浸5min，以除去表面蜡质及农药，再用清水冲洗干净备用。

③去果柄、去皮：先摘除果柄，再用机械或手工进行去皮。

④切分去果心：用不锈钢水果刀纵切成两半，挖除果心及萼筒。

⑤修整、护色：除去机械伤、虫害斑点及残留果皮等，然后投入1%～2%食盐水中浸泡护色，再用清水洗涤两次。

⑥预煮：在清水中添加0.1%～0.2%的柠檬酸，加热煮沸后投料，看果形大小情况煮5～10min，以煮透不烂为度。

⑦分选：根据果形大小、色泽及成熟度分级并除去软烂、变色、有斑疤的果块。

⑧装罐：在消毒过的玻璃罐内，装入果块约300g，加注糖水约220g，留顶隙3～5mm。

⑨加热排气：装罐后即送排气箱加热排气，罐中心温度在80℃以上。

⑩封罐：放正罐盖，在封罐机上进行封罐，做到密封良好，不漏气。

⑪杀菌、冷却：将罐头在沸水中煮15～20min，然后分段冷却至38℃。

⑫擦罐、入库：擦干罐身水分，在常温库房中贮存一星期。

2）质量标准

①果肉呈白色或黄白色，色泽比较一致，糖水较透明，允许存在少量不引起混浊的

果肉碎屑。

②具有本品种糖水梨罐头应有的风味，甜酸适口，无异味。

③梨片组织软硬适度，食时无粗糙石细胞感。块形完整，同一罐中果块大小一致，不带机械伤和虫害斑点。

④果肉不低于总净重的55%，糖水浓度不低于14%~18%（开罐时按折光计）。

3）注意事项

①酸度低于0.1%的品种，糖水中应添加0.15%~0.2%的柠檬酸。

②生产过程必须迅速，特别是在处理果实、封罐和杀菌等环节上。

③预煮时要水多、气足、量适宜，从而达到透而不烂。

④不使用成熟度低或贮藏受冻的梨。冬季生产糖水雪花梨时，用30℃左右的煮梨水浸泡30min，可防止预煮时梨块变色。

## 五、讨论题

1. 为什么罐头在装罐时，必须留一定的顶隙？
2. 生产罐头过程中排气的目的是什么？
3. 如何对果蔬类罐头进行护色处理？
4. 罐头类食品常见质量问题及控制措施有哪些？

# 实验三　果蔬速冻保藏实验

## 一、实验目的

1. 学习果蔬速冻保藏的原理及掌握果蔬速冻保藏的方法。
2. 了解果蔬速冻相关设备的使用和操作。

## 二、主要仪器、设备和原辅材料

### 1. 主要仪器、设备

不锈钢刀、夹层锅、漏勺、冰箱、去皮机等。

### 2. 原辅材料

菠菜、豇豆、苹果等；0.2%亚硫酸氢钠、1%食盐、0.5%柠檬酸或醋酸、0.5%~1%碳酸钙或氯化钙、0.1%抗坏血酸。

## 三、实验原理

速冻保藏是利用快速冷冻工艺对果蔬进行加工的一种方法，可最大限度地抑制微生物和酶的活动，较大程度地保持新鲜果蔬原有的色泽、风味、香气、维生素和营养，食用方便，且可长期保存。大部分果蔬均适合进行速冻处理。

## 四、实验方法

### (一)速冻菠菜

#### 1. 工艺流程(图2-4)

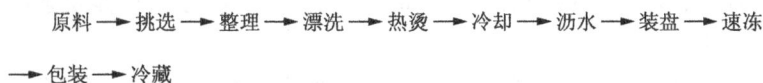

原料 → 挑选 → 整理 → 漂洗 → 热烫 → 冷却 → 沥水 → 装盘 → 速冻

→ 包装 → 冷藏

图2-4　速冻菠菜的工艺流程

#### 2. 操作要点

(1)原料选择及处理:选择叶片茂盛的圆叶种。要求原料鲜嫩,浓绿色,无黄叶、霉烂及病虫害,切除根须。菠菜应在清水中逐株清洗干净,控净水分。

(2)烫漂、冷却:将洗净的菠菜叶片朝上竖放于框内,下部浸入沸水中30s,然后叶片全部浸入烫漂1min,捞出后立即冷却到10℃以下。

(3)装盘:冷却后的菠菜沥干水分,整理后装盘,每盘500g。

(4)速冻与保藏:装盘后的菠菜迅速浸入冷冻设备进行冻结,然后在-18℃下冷藏。

### (二)速冻苹果

#### 1. 工艺流程(图2-5)

原料 → 挑选 → 清洗 → 去皮、切分 → 浸渍糖液 → 包装 → 速冻 → 冻藏

图2-5　速冻苹果的工艺流程

#### 2. 操作要点

(1)选料:要求原料新鲜、成熟度良好,大小均匀,无机械损伤和病虫害。

(2)清洗、去皮、切分:用清水洗去表面的污物和农药残留,用手工去皮或用去皮机机械去皮,然后切成5mm厚的薄片。

(3)浸渍糖液:将苹果块在浓度25%～30%的糖液中浸泡5min,为了防止解冻后发生褐变,可在糖液中加入0.1%的抗坏血酸。

(4)包装、速冻:原料沥干糖液后经包装和冷却,然后送入温度为-35℃的速冻装置中冻结,使中心温度尽快降至-18℃。

(5)冻藏:冻结后的产品用纸箱包装后送入-18℃的冻藏库中贮藏。

### (三)速冻豇豆

#### 1. 工艺流程(图2-6)

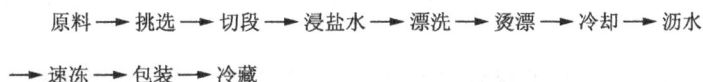

原料 → 挑选 → 切段 → 浸盐水 → 漂洗 → 烫漂 → 冷却 → 沥水

→ 速冻 → 包装 → 冷藏

图2-6　速冻豇豆的工艺流程

**2. 操作要点**

（1）原料选择：选择色泽较深、组织鲜嫩、条形圆直的豇豆品种，要求大小均匀，豆粒无明显突起，无病虫害，无斑疤。

（2）切段：切去豇豆两端后，再切成5cm长段。

（3）盐水浮选：用2%的盐水浸泡15min左右，除去漂浮的虫体及杂质，捞出豇豆后用清水漂洗干净。

（4）烫漂、冷却：将豇豆在沸水中烫1.5min左右，至色泽转为鲜绿色，口尝无豆腥味，立即用冷水冷却，然后用振动筛或离心机进行脱水。

（5）速冻及冷藏：用冷冻机在 -35℃下，将豇豆迅速冻结，然后用塑料袋定量包装，在 -18℃下冷藏。

## 五、讨论题

1. 果蔬冻藏保鲜的原理是什么？
2. 简述速冻菠菜制作工艺及操作要点是什么？

# 实验四　果脯的制作

## 一、实验目的

1. 理解果脯制作的基本原理。
2. 熟悉果脯制作的工艺流程，掌握果脯加工技术。

## 二、主要仪器、设备和原辅材料

**1. 主要仪器、设备**

手持糖度仪、热风干燥箱、不锈钢锅、电磁炉、挖核器、不锈钢刀具、台秤、电子天平等。

**2. 原辅材料**

苹果或万州红阳猕猴桃、柠檬酸、白砂糖、$NaHSO_3$、$CaCl_2$ 等。

## 三、实验原理

果脯是用新鲜水果经过去皮、取核、糖水煮制、浸泡、烘干和整理包装等主要工序制成的食品。果脯鲜亮透明，表面干燥，稍有黏性，含水量在20%以下。果脯种类繁多，传统产品有苹果脯、酸角脯、杏脯、梨脯、桃脯、太平果脯、青梅脯、山楂片、果丹皮等。

果脯的加工法是以食糖的保藏作用为基础的加工保藏法，利用高糖溶液的高糖渗透压作用，降低水分活度作用、抗氧化作用来抑制微生物生长发育，提高维生素的保存率，改善制品的色泽和风味。

## 四、实验方法

### 1. 工艺流程段（图2-7）

原料选择 → 去皮 → 切分 → 去心 → 硫处理和硬化 → 糖煮 → 糖渍 → 烘干 → 包装

图2-7 果脯制作的工艺流程

### 2. 操作要点

(1)原料的选择：选用果形圆整、果心小、肉质疏松和成熟度适宜的原料，如红玉、国光、沙果等品种。

(2)去皮、切分、去心：采用手工去皮或机械去皮，挖去损伤部分，将苹果对半纵切，再用挖核器挖掉果心。

(3)硫处理和硬化：将果块放入0.1%的$CaCl_2$和0.2%～0.3%的$NaHSO_3$混合液中浸泡6～8h，进行硬化和硫处理，若肉质较硬则只需进行硫处理。浸泡液以能淹没原料为准，浸泡时上压重物，防止上浮，浸后捞出，用清水漂洗3～4次后备用。

(4)糖煮：在锅内配成与果块等重的40%的糖液，加热煮糖，倒入果块，以旺火煮沸后，再添加上次浸渍后剩余的糖液5kg，重新煮沸。如此反复进行3次，大约需要30～40min，此时果肉软而不烂，并随糖液的沸腾而膨胀，表面出现细小裂纹。此后每隔5min加蔗糖一次，第一次、第二次分别加糖5kg，第三次、第四次分别加糖5.5kg，第五次加糖6kg，第六次加糖7kg，各煮制20min。全部糖煮时间需1～1.5h，待果块呈现透明状态时，即可出锅。

(5)糖渍：趁热起锅，将果块连同糖液倒入容器中浸渍32～48h。

(6)烘干：将果块捞出，沥干糖液，摆放在烘盘上，送入烘房，在60～66℃的温度下干燥至不粘手为度，大约需要烘烤24h。

(7)整形和包装：烘干后用手捏成扁圆形，剔除黑点、斑疤等，装入食品袋、纸盒，最后装箱。

## 五、产品的质量标准

### 1. 感官指标

(1)色泽：浅黄色至金黄色，具有透明感。

(2)组织与形态：呈块状，组织饱满，有弹性，不返砂，不流糖。

(3)风味：甜酸适度，具有原有果实风味，无异味。

### 2. 理化指标

(1)总糖含量：65～70%。

(2)水分含量：18～20%。

### 3. 微生物指标

(1)细菌总数≤100个/g。

(2)大肠菌群≤30个/g。

(3)致病菌不得检出。

## 六、讨论题

1. 什么原因可导致产品发生发烊和返砂？如何避免上述现象的发生？
2. 果脯制作中烘烤温度是否应尽量高一些以提高其生产效率？
3. 简述果脯生产工艺流程及操作要点。

# 实验五　平菇蜜饯的制作

## 一、实验目的

1. 理解蜜饯制作的基本原理。
2. 熟悉蜜饯制作的工艺流程，掌握蜜饯加工技术。

## 二、主要仪器、设备和原辅材料

### 1. 主要仪器、设备

恒温干燥箱、手持糖度仪、包装机等。

### 2. 原辅材料

万州市售平菇、白砂糖、焦亚硫酸钠、氯化钙、柠檬酸等。

## 三、实验原理

蜜饯，古称蜜煎。蜜饯是中国民间用糖蜜制的水果食品，流传于各地，历史悠久。蜜饯以桃、杏、李、枣或冬瓜、生姜等果蔬为原料，用糖或蜂蜜腌制加工而成的食品。除了作为小吃或零食直接食用之外，蜜饯也可以用来放于蛋糕、饼干等点心上作为点缀。

蜜饯的加工法是以食糖的保藏作用为基础的加工保藏法，利用高糖溶液的高糖渗透压作用，降低水分活度作用、抗氧化作用来抑制微生物生长发育，提高维生素的保存率，改善制品的色泽和风味。

## 四、实验方法

### 1. 工艺流程(图2-8)

选料 → 清洗 → 护色 → 烫漂 → 硬化 → 漂洗 → 二次烫漂 → 糖渍 → 糖煮 → 烘干

→ 均湿 → 整理分级 → 包装

图2-8　平菇蜜饯制作的工艺流程

### 2. 操作要点

(1)原料选择：剔除已经开伞、断柄、发霉腐烂的平菇，选择菇体饱满、不开伞、无机械损伤的新鲜平菇，去掉根部，用清水洗净，洗去平菇上的泥土、稻草等杂质。注意轻拿、轻放。

（2）护色：洗后立即放入浓度为 0.03% 的焦亚硫酸钠溶液中进行护色处理。

（3）烫漂：护色后的平菇及时放入 95～100℃ 的开水中，烫漂 2～3min 后捞出，冷水冷却。

（4）硬化：烫漂后用浓度为 0.4%～0.5% 氯化钙溶液浸泡 8～10h（按每 50kg 平菇加 100kg 溶液的比例）。若没有氯化钙可用澄清石灰水按照氯化钙溶液的硬化方法处理。硬化处理后用清水冲洗残液。

（5）二次烫漂：漂洗后再进行二次烫漂。水温控制在 80～85℃，烫漂时间为 5～7min。

（6）糖渍：1 层平菇放 1 层糖，依次进行，最上层用糖覆盖，冷浸 5～6h。

（7）糖煮：采用多次煮成法。把冷浸后的平菇捞出沥干，沥出的糖液加热煮 10min 后，把冷浸好的平菇放入沸液中共同煮沸 3～5min，随即连同糖液一起倒入缸中浸泡 15h 左右，再把平菇捞出，把剩余糖液放回锅中烧开，加入 10% 的砂糖，然后同第 1 次煮糖方法进行第 2 次煮糖。如此反复 3～4 次，直到糖的浓度达到 65%～70% 时，大火煮沸，加入 0.05% 苯甲酸钠和 0.5%～0.8% 柠檬酸即可。

（8）烘干：把煮好的平菇沥去糖液，铺放在竹帘上进行烘干。干燥设备可根据当地条件，用烘烤箱、烘干炉、烘干房均可，最好用恒温干燥箱。

（9）均湿：干燥后的产品要进行均湿处理。所谓的均湿就是把干燥后的产品堆积在一起 1～2d 使成品的含水量保持一致。

（10）整理分级：剔出破碎的、色泽不均匀的产品，将粘连的、未烘干的蜜饯重新整理烘制，剩余产品按大小分级后进行包装。

**3. 质量标准**

（1）色泽：浅褐色，半透明。

（2）形态：菇体完整、大小一致，不结晶，不返糖。

（3）风味：具有平菇的清香味。

## 五、讨论题

1. 平菇蜜饯加工过程中烫漂的目的是什么？
2. 果脯和蜜饯的加工工艺流程有什么异同点？

# 实验六　泡菜的制作

## 一、实验目的

1. 熟悉泡菜加工工艺，掌握泡菜加工技术。
2. 通过实践验证泡菜在加工过程中发生的一系列变化。

3. 提高学生仪器、设备操作水平，培养学生实践动手能力。

## 二、主要仪器、设备和原辅材料

### 1. 主要仪器、设备

泡菜坛子、不锈钢刀、案板、小布袋（用以包裹香料）等。

### 2. 原辅材料

白菜、豆角、苦瓜、嫩姜、甘蓝、白萝卜、大蒜、青辣椒、胡萝卜、嫩黄瓜等组织紧密，质地脆嫩，肉质肥厚而不易软化的蔬菜；食盐、白酒、黄酒、红糖或白砂糖、干红辣椒、草果、八角或茴香、花椒、胡椒、陈皮、甘草等。

## 三、实验原理

泡菜古称"菹"，是指为了利于长时间存放而经过发酵的蔬菜。一般来说，只要是纤维丰富的蔬菜或水果，都可以被制成泡菜，如卷心菜、大白菜、胡萝卜、白萝卜、大蒜、青葱、小黄瓜、洋葱等。蔬菜在经过腌渍及调味之后，会有特殊的风味，很多人将泡菜作为一种常见的配菜食用，所以现代人在食材取得无虞的生活环境中，还是会制作泡菜。世界各地都有泡菜的影子，风味也因各地做法不同而有异，其中涪陵榨菜、法国酸黄瓜、德国甜酸甘蓝并称为世界三大泡菜。

泡菜的制作原理是利用泡菜坛造成的坛内嫌气状态，配制适宜乳酸菌发酵的低浓度盐水（6%～8%），对新鲜蔬菜进行腌制。由于乳酸的大量生成，降低了制品及盐水的pH值，抑制了有害微生物的生长，提高了制品的保藏性；同时由于发酵过程中大量乳酸、少量乙醇及微量醋酸的生成，给制品带来爽口的酸味和乙醇的香气；各种有机酸又可与乙醇生成具有芳香气味的脂类，加之添加配料的味道，给泡菜增添了特有的香气和滋味。泡菜有丰富的乳酸菌，可帮助消化。

## 四、实验方法

### 1. 盐水参考配方（以水的重量计）

食盐6～8g/100g、白酒3g/100g、黄酒3g/100g、红糖或白砂糖2.5g/100g、干红辣椒3g/100g、草果0.05g/100g、八角或茴香0.01g/100g、花椒0.06g/100g、胡椒0.07g/100g、陈皮0.01g/100g。

注：若泡制白色泡菜（嫩姜、白萝卜、大蒜头）时，应选用白糖，不可加入红糖及有色香料，以免影响泡菜的色泽。

### 2. 工艺流程（图2-9）

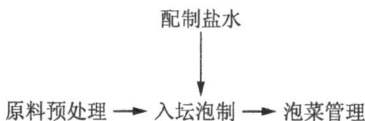

配制盐水 → 原料预处理 → 入坛泡制 → 泡菜管理

图2-9 泡菜制作的工艺流程

### 3．操作要点

（1）原料的处理：新鲜原料经过充分洗涤后，进行整理，剔除不宜食用的部分，个头过大者可以进行适当切分。

（2）盐水的配制：为保证泡菜成品的脆性，应选择硬度较大的自来水。若水的硬度不足可酌加少量钙盐，如 $CaCl_2$、$CaCO_3$、$CaSO_4$、$Ca_3(PO_4)_2$，使其硬度达到 $10°$。

（3）入坛泡制：将泡菜坛子洗涤干净，沥干后即可将准备就绪的蔬菜原料装入坛内，装至半坛时放入香料包，再装原料至距坛口 2 寸许时为止，并用竹片将原料卡压住，以免原料浮于盐水之上。随即注入所配制的盐水，至盐水能将蔬菜淹没，将坛口小碟盖上后即用坛盖钵覆盖，并在水槽中加注清水，将坛置于阴凉处任其自然发酵。为了增加成品泡菜的香气和滋味，各种香料最好先磨成细粉后再装入香料包中。

（4）泡菜的管理：①入坛泡制 1～2d 后，由于食盐的渗透作用原料体积缩小，盐水下落，此时应再适当添加原料和盐水，保持其装满至坛口下 1 寸许为止。②经常检查水槽，水少时必须及时添加，保持水满状态，为安全起见，可在水槽内加盐，使水槽水含盐量达 15%～20%。③泡菜的成熟期因所泡蔬菜的种类及当时的气温而异，一般新配的泡菜在夏天时需 5～7d 即可成熟，冬天则需 12～16d 才可成熟。叶类菜如甘蓝需时较短，根类菜及茎类菜则需时较长一些。

## 五、产品的质量标准

1．色泽：依原料种类呈现相应颜色，无霉斑。
2．香气滋味：酸咸适口，味鲜，无异味。
3．质地：脆，嫩。

## 六、讨论题

1．泡菜水为什么不用去离子水，也不必煮沸？
2．如何提高泡菜的脆性？
3．简述泡菜制作工艺流程及操作要点？

# 实验七　果酱的制作

## 一、实验目的

1．学习果酱制作的基本原理。
2．熟悉果酱制作的工艺流程，掌握果酱加工技术。
3．了解果酱加工中常见的质量问题及其防止措施。

## 二、主要仪器、设备和原辅材料

### 1. 主要仪器、设备

温度计、不锈钢刀具、不锈钢锅、打浆机、四旋盖玻璃瓶等。

### 2. 原辅材料

苹果、食盐、白砂糖、柠檬酸等。

## 三、实验原理

果酱是把水果、糖及酸度调节剂混合后，用超过100℃的温度熬制而成的凝胶物质，也叫果子酱。高度水合的果胶胶束因脱水及电性中和而形成凝胶体。果胶胶凝过程中，酸可以消除果胶分子中的负电荷，使果胶分子因氢键吸附而相连成网状结构构成胶体的骨架；糖可以使果胶脱水，也作为填充物使胶凝体达到一定的强度。

## 四、实验方法

### 1. 工艺流程（图2-10）

原料 ➝ 去皮 ➝ 切分去核 ➝ 预煮 ➝ 打浆 ➝ 配料 ➝ 浓缩 ➝ 装罐 ➝ 封盖 ➝ 杀菌和冷却 ➝ 成品

图2-10　果酱制作的工艺流程

### 2. 操作要点

（1）原料选择：选择成熟度适宜，含果胶、果酸较多，芳香味浓的苹果。

（2）原料处理：将洗干净的苹果用不锈钢刀去掉果梗、花萼，削去果皮，将苹果切成小块，并及时利用1%的食盐水溶液进行护色处理。

（3）预煮、打浆：将果块放入不锈钢锅中，并加入一定量的水（为果块质量的10%～20%），煮沸15～20min，要求果肉煮透，避免糊锅、焦化等现象。预煮之后用打浆机或捣碎机进行破碎。

（4）配料：果浆和白砂糖的质量比为1:（0.7～0.8）。先将白砂糖配成75%的浓糖液煮沸后过滤备用，再加入0.1%左右的柠檬酸。有时为了降低糖度或增加果胶含量，可以添加适量的果胶或其他增稠剂。此外，为了防止糖结晶，可用淀粉糖浆代替部分白砂糖，一般添加量为总加糖量的20%左右。

（5）浓缩：将果浆放入不锈钢锅中，分2～3次加入糖液，在常压下迅速加热浓缩，并不断进行搅拌，浓缩时间以25～50min为宜。在可溶性固形物达到60%时加入一定量的柠檬酸，调节果酱的pH值为2.5～3.0，待加热浓缩至温度为105～106℃时，可溶性固形物达到65%以上时方可出锅。

（6）装罐、封盖：将瓶盖、玻璃罐先用清水洗干净，然后用沸水消毒3～5min，沥干水分，装罐时保持罐温40℃以上。果酱出锅后，迅速装罐，须在20s内完成。装罐时酱体温度保持在85℃以上，装罐后迅速拧紧瓶盖。

（7）杀菌、冷却：采用水浴杀菌，升温时间 5min，沸腾下保温 15min，然后进行分段冷却，产品分别在 75℃、55℃水中逐步冷却至 37℃左右，得实验成品。

### 3. 产品的质量标准

（1）果泥呈红褐色或琥珀色，色泽均匀一致。

（2）具有苹果泥应有的风味，无焦煳味，无其他异味。

（3）浆体呈胶黏状，不流散，不分泌液汁，无糖结晶，也无果皮、果梗及果心。

（4）总糖量不低于 57%（以转化糖计），可溶性固形物达 65%～70%。

## 五、讨论题

1. 果酱产品若发生汁液分离的现象，是什么原因造成的？如何防止？

2. 简述苹果酱生产工艺流程及操作要点。

# 实验八　果蔬脆片的制作

## 一、实验目的

1. 通过油炸工艺制作果蔬脆片，加深理解果蔬干制原理。

2. 掌握真空油炸制作果蔬脆片的工艺过程。

3. 比较不同配方和工艺对制品品质的影响。

## 二、主要仪器、设备和原辅材料

### 1. 主要仪器、设备

不锈钢锅、真空油炸设备等。

### 2. 原辅材料

果蔬脆片要求原料须有较完整的细胞结构，组织较致密，能自成形，因此，不适合于液体类食品的加工。适用原料主要有苹果、梨、柿子、菠萝、香蕉、芒果、甜瓜、苦瓜、南瓜、胡萝卜、白萝卜、芹菜、青椒、青豆、花菜、洋葱。原料均要求新鲜，无虫蛀、病害、霉烂及机械伤。

## 三、实验原理

果蔬脆片是水果脆片和蔬菜脆片的统称。根据国家轻工行业标准 QB 2076－95，果蔬脆片是以水果、蔬菜为主要原料，经真空油炸脱水等工艺生产的各类水果、蔬菜脆片。

果蔬脆片是利用真空低温油炸技术加工而成的一种脱水食品。在加工过程中，先把果蔬切成一定厚度的薄片，然后在真空低温的条件下将其油炸脱水而成，产生一种酥脆性的片状食品。由于在低温条件下操作，大大减少了果蔬天然色素与芳香物质的损失，抑制了微生物和酶的有害作用，充分保留了果蔬原有的色泽和香味。

## 四、实验方法

### 1. 工艺流程(图2-11)

原料 → 清洗、挑选 → 去皮 → 切片 → 护色 → 预煮 → 沥干 → 真空油炸 → 调味 → 冷却 → 产品

图2-11 果蔬脆片制作的工艺流程

### 2. 制作要点

(1)原料:要求新鲜、成熟、大小适中,无虫蛀病害。

(2)清洗:用流动水漂洗,洗去表面的泥沙等杂质。

(3)去皮:可人工去皮或磨皮机去皮,磨皮机去皮可提高2%~3%的得率。

(4)切片:可以采用人工切片或切片机切片,通常切成厚度为2.8~4.0mm的薄片。切片可以切成圆片或椭圆片,也可以切成波纹片。

(5)预煮:切好的胡萝卜片放在1.0%~2.0%的NaCl溶液中煮沸5min。

(6)冷却:用流动清水冷却至水温或用7℃的循环冷却水冷却至15℃以下即可。

(7)沥干:将冷却后的胡萝卜片沥干水分。

(8)真空低温油炸脱水:该工序是制作果蔬脆片的关键工序,在真空低温油炸机中进行。真空度可控制在0.08MPa,油温控制在80~85℃,油炸时间根据胡萝卜的品种、质地和油炸温度而确定。

(9)冷却:脱油后的产品冷却到常温,即可进行分检。

(10)半成品分拣:依据外观和规格要求分拣半成品,剔除夹杂物,分级包装。

### 3. 感官指标

(1)色泽:各种水果、蔬菜脆片应具有与其原料相应的色泽。

(2)滋味和口感:具有该品种特有的滋味与香气,口感酥脆、无异味。

(3)性状:各种形态基本完好,同一品种的产品厚薄基本均匀,且基本无碎屑。

(4)杂质:无肉眼可见的外来杂质。

## 五、讨论题

1. 制作胡萝卜脆片的关键工序是什么?

2. 真空低温油炸的优点是什么?

# 实验九 果酒的制作

## 一、实验目的

1. 理解果酒制作的基本原理。

2. 熟悉酿造果酒的工艺流程及操作要点,掌握果酒的加工技术。

## 二、主要仪器、设备和原辅材料

### 1. 主要仪器、设备

破碎机、榨汁机、手持糖度仪、不锈钢罐桶或塑料桶、过滤筛、台秤等。

### 2. 原辅材料

万州向阳葡萄、红阳猕猴桃、贵妃枇杷等水果；白砂糖、柠檬酸、葡萄酒酵母等。

## 三、实验原理

葡萄酒及其他果酒的制造是以新鲜的葡萄或其他果品为原料，利用野生的或者人工添加的酵母菌来分解糖分并产生酒精及其他副产物，伴随着酒精和副产物的产生，果酒内部发生一系列复杂的生化反应，最终赋予果酒独特的风味及色泽。因此，果酒酿造既是微生物活动的结果，又是复杂生化反应的结果。

葡萄酒及其他果酒酿造的机理是一个很复杂的过程，它包括酒精发酵、苹果酸乳酸发酵、酯化反应和氧化还原反应等过程。

## 四、实验方法

### 1. 工艺流程（图2-12）

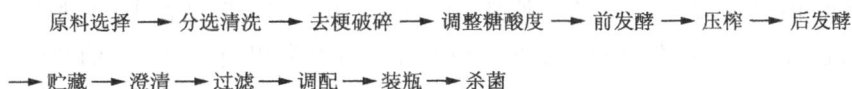

原料选择 ⟶ 分选清洗 ⟶ 去梗破碎 ⟶ 调整糖酸度 ⟶ 前发酵 ⟶ 压榨 ⟶ 后发酵

⟶ 贮藏 ⟶ 澄清 ⟶ 过滤 ⟶ 调配 ⟶ 装瓶 ⟶ 杀菌

图2-12　果酒制作的工艺流程

### 2. 操作要点

（1）原料选择：选用质量稳定、酸甜适度的栽培葡萄或山葡萄，剔除病烂、病虫、生青果，用清水洗去表面污物。

（2）破碎去梗：可用滚筒式或离心式破碎机将果实压破，再经除梗机去掉果梗，以使酿成的酒口味柔和。若不去掉果梗则会产生青梗味。

（3）调整糖酸度：经破碎除去果梗的葡萄浆应立即送入发酵罐内，发酵罐上面应留出1/4的空隙，不可加满，并盖上木制篦子，以防浮在发酵罐表面的皮糟发酵产生二氧化碳而溢出。

发酵前需调整糖酸度（糖度控制在25°Bx左右），加糖量一般以葡萄原来的平均含糖量为标准，加糖不可过多以免影响成品质量。pH值一般为3.5~4.0。

（4）前发酵：调整糖酸度后，加入酵母液，加入量为果浆的5%~10%。加入酵母液后应充分搅拌，使酵母均匀分布。发酵时每日必须检查酵母繁殖情况及有无菌害，如酵母生长不良或过少时，应重新补加酒母；发现有杂菌危害时，应在室内燃熏硫黄，利用二氧化硫杀菌。发酵温度必须控制在20~25℃。

前发酵的时间，因葡萄含糖量、发酵温度和酵母接种数量而异。一般在比重下降到1.020左右时即可转入后发酵。前发酵时间一般为7~10d。

(5)分离压榨：前发酵结束后，应立即将酒液与皮渣分离，避免过多单宁进入酒中，使酒的味道过于苦涩。

(6)后发酵：充分利用分离时带入的少量空气，来促使酒中的酵母将剩余糖分继续分解，转化为酒精。此时，沉淀物逐渐下沉在容器底部，酒慢慢澄清。后发酵就是促使葡萄酒进行酯化作用，使酒逐渐成熟，色、香、味逐渐趋向完整的过程。因后发酵也会生成泡沫，后发酵桶上面要留出 5～15cm 空间。后发酵期的温度应控制在 18～20℃，最高不能超过 25℃。当比重下降到 0.993 左右时，发酵即告结束。一般需 1 个月左右，才能完成后发酵。

(7)陈酿：陈酿时要求温度低，通风良好。适宜的陈酿温度为 15～20℃，相对湿度为 80%～85%。陈酿期除应保持适宜的温度、湿度外，还应注意换桶、添桶。

第一次换桶应在后发酵完毕后 8～10d 进行，除去渣滓，并同时补加 $SO_2$ 到 150～200mg/L。第二次换桶在前次换桶后 50～60d 进行。第二次换桶后约 3 个月进行第三次换桶。经 3 个月以后再进行第四次换桶。

为了防止有害菌侵入与繁殖，必须随时添满贮酒容器的空隙，不让酒的表面与空气接触。在新酒入桶后，第一个月内应 3～4d 添桶一次，第二个月 7～8d 添桶一次，以后每月添一次，一年以上的陈酒可隔半年添一次。添桶用的酒，必须清洁，最好使用品种和质量相同的原酒。

(8)调配：经过 2～3 年贮存的原酒，已成熟老化，具有陈酒香味，可根据品种、风味及成分进行调合。葡萄酒原酒要在 50% 以上。在装瓶以前，调配好的酒还须化验检查，并过滤一次，才能装瓶，然后压盖。经过 75℃ 的温度灭菌后，即可贴商标，包装出售。

## 五、产品质量标准

### 1. 感官指标
(1)颜色：紫红色，澄清透明，无杂质。
(2)滋味：清香醇厚，酸甜适口。
(3)香气：具有醇正、和谐的果香味和酒香味。

### 2. 理化指标
(1)比重：1.035～1.055(15℃)。
(2)酒精：11.5～12.5%(15℃)。
(3)总糖：14.5～15.5g/100mL。

## 六、讨论题

1. 前发酵与后发酵有什么不同？
2. 果酒制作的原理是什么？

# 实验十　苹果汁的澄清

## 一、实验目的

1. 通过本实验掌握苹果汁澄清的方法和工艺要点。
2. 熟悉相关仪器、设备的操作和使用。

## 二、主要仪器、设备和原辅材料

### 1. 主要仪器、设备

榨汁机、脱气机、过滤机、高温瞬时灭菌机等。

### 2. 原辅材料

苹果、蔗糖、柠檬酸、硅藻土、澄清剂等。

## 三、实验原理

在果蔬汁的生产和制作过程中，澄清是一个十分重要的环节。果蔬汁是一个复杂的多分散相体系，果蔬汁含有细小的果肉粒子、胶态或分子状态及离子状态的溶解物质，这些物质是果蔬汁混浊的主要原因，在澄清果汁的生产中，由于它们影响到产品的稳定性，所以必须将它们去除。

明胶和单宁等大分子物质可以吸附果蔬汁中的果胶质和蛋白质产生沉淀。静置过程中蛋白质和单宁可形成大分子聚合物沉淀下来，所以经过长时间静置可以得到澄清透明的果汁。利用低温对果蔬汁进行冷冻，也可以达到澄清的目的。利用加热的方法可以加速大分子之间的碰撞，也有利于沉淀。利用果胶酶制剂来水解果汁中的果胶物质，使果汁中的其他胶体失去果胶的保护作用而共同沉淀，达到澄清的目的。

加入表面积大的物质（如硅藻土、蜂蜜等澄清剂）进行澄清的原理是：硅藻土在酸性果汁中带负电荷，可以通过吸附作用和离子交换作用去除果汁中多余的蛋白质等物质；蜂蜜中的某些蛋白质可与果汁中的酚类物质结合形成沉淀，过滤后便可得到纯净而不褐变的果汁。

果汁的澄清是果汁加工的重要工艺，果汁澄清的效果直接影响到果汁的感官质量。果汁澄清的方法有自然澄降、加澄清剂、加酶、加热和冷冻澄清五种方法。本实验要求学生自己设计一种苹果汁的澄清方法，并了解果汁澄清效果的测定方法。

## 四、实验方法

### 1. 工艺流程(图2-13)

原料选择 ➝ 清洗和分选 ➝ 破碎 ➝ 压榨 ➝ 粗滤 ➝ 澄清 ➝ 精滤 ➝ 糖酸调整 ➝ 脱气 ➝ 杀菌 ➝ 包装

图2-13　苹果汁澄清的工艺流程

### 2. 操作要点

（1）原料选择：选择成熟度适中、新鲜完好的苹果。适宜的品种有国光、红玉等。

（2）清洗和分选：把挑出来的果实放在流水槽中冲洗。如表面有农药残留，则用体积分数为0.5%～1%的稀盐酸或质量分数为0.1%～0.2%的洗涤剂浸洗，然后再用清水强力喷淋冲洗。清洗的同时进行分选和烂果清除。

（3）破碎：用苹果磨碎机和锤碎机将苹果粉碎，颗粒要求大小一致，破碎要适度。破碎后用碎浆机进行处理，使颗粒微细，提高榨汁率。

（4）压榨和粗滤：常用压榨法和离心分离法榨汁。用孔径0.5mm（32目）的筛网进行粗滤，使不溶性固形物含量下降到20%以下。

（5）澄清和精滤：将榨取的苹果汁加热至82～85℃，再迅速冷却，使胶体凝聚，达到果汁澄清的目的，也可用明胶、单宁、硅藻土、液体浓缩酶、干型酶制剂等进行处理。果汁按照以上方法澄清后，再经压滤或其他类型的精滤和过滤，也可用由石棉、木浆、脱脂棉等作为过滤层的过滤器或用硅藻土过滤，得到澄清透明的果汁。澄清处理后的苹果汁，采用需要添加助滤剂的过滤器进行过滤，用硅藻土滤层的还可以除去苹果中的土腥味。

（6）糖酸调整：加糖、加酸使果汁的糖酸比维持在（18～20）∶1。成品的糖度为12%，酸度为0.4%。天然苹果汁中可溶性固形物含量为15%～16%。

（7）脱气：如果不需要浓缩，透明果汁可进行脱气处理。

（8）杀菌：将果汁迅速加热到90℃以上，维持几秒，以达到高温瞬时杀菌的目的。

（9）包装：将经过杀菌的果汁迅速装入消毒过的玻璃瓶或马口铁罐内，趁热密封。密封后迅速冷却至38℃，以免破坏果汁中的营养成分。

## 五、澄清效果的测定

通过对果汁透光率的测定来反映果汁的澄清效果。

取少量澄清果汁加入1cm比色杯中，以蒸馏水为参比，用722S型分光光度计，于640nm下测定透光率，果汁透光率以T%表示。

制得的果汁透光率应达到95%以上。低温储藏有利于果汁的储藏稳定，常温下整个实验储藏期间果汁透光率都必须大于90%。

## 六、结果与分析

每组设计一种果汁澄清实验，写出实验报告。设计要求：每3～5人一组，在查阅相关资料的基础上，完成设计方案说明书，经老师审批后，进行实验并写出实验报告。实验的成绩由四个方面组成：设计方案说明书占20%，实验报告占40%，产品占30%，课堂表现占10%。

## 七、讨论题

1. 对所选择的果汁澄清方法的优缺点进行比较。

2. 试分析果汁澄清法与果汁原料之间的关系。

# 实验十一　果蔬制品工艺综合实验

## 一、实验目的

1. 熟练掌握果蔬类产品的研发流程。
2. 能利用三峡库区特色食品资源开发一种新型果蔬类产品。
3. 掌握相关仪器和设备的使用。
4. 培养学生综合运用所需知识的能力，独立分析和解决实际生产问题的能力。

## 二、主要仪器、设备和原辅材料

### 1. 主要仪器、设备

食品工程中心设备、果蔬加工实验室设备等。

### 2. 原辅材料

一种或几种三峡库区特色食品资源，市售各种食品添加剂、香辛料等。

## 三、实验原理

利用前面所学各种果蔬制品的制作原理，研发一种新型果蔬类产品。采用正交试验或者响应面法对该产品的工艺进行优化。

## 四、实验方法

1. 简述产品的生产工艺流程。
2. 简述产品的操作要点。

## 五、产品质量评价

1. 感官评价。
2. 理化分析。
3. 微生物学指标分析。

## 六、结果与分析

1. 对实验结果进行描述。
2. 对实验结果进行分析和讨论。

## 七、综合实验设计要求

每3~5人一组，在查阅相关资料的基础上，完成设计方案说明书，经老师审批后，进行实验并写出综合实验报告。综合性实验的成绩由四个方面组成：设计方案说明书占20%，综合实验报告占40%，产品占30%，课堂表现占10%。

# 第三章　乳制品工艺实验

## 实验一　原料乳的感官及理化检验

### 一、实验目的

1. 检验原料乳的质量。

2. 训练酸度滴定、乳稠计使用等操作技能。

### 二、主要仪器、试剂

#### 1. 主要仪器

250mL 量筒、乳稠计、三角瓶、碱式滴定管等。

#### 2. 试剂

鲜牛乳、酚酞指示剂、0.1mol/L 氢氧化钠标准溶液、72°及 75°酒精等。

### 三、实验步骤

#### 1. 鲜乳的取样

采集乳样是监测工作中非常重要的第一步，采集的乳样必须能代表整批乳的特点。否则，以后的样品处理及检测无论怎样严格、精确，也将毫无价值。

因乳脂肪的比重较小，当乳静止时乳的上层较下层富于脂肪，如果乳表面上形成了紧密的一层乳油时，应先将附着于容器上的脂肪刮入乳汁中，然后再搅拌。

取样数量决定于检查的内容，一般只测定酸度和脂肪度时取 50mL 即可；如做全分析应取乳 200～300mL。采样时应采两份平行乳样。

将采得的检样注入带有瓶塞的干燥而清洁的玻璃瓶中，并在瓶上贴上标签，注明样品名称、编号等。

#### 2. 感官检查

正常乳应为乳白色或略带黄色；具有特殊的乳香味，稍有甜味，不得有苦味、霉味、臭味、涩味、碱味、酸味、牛粪味、腥味和煮熟乳气味等其他任何异味；组织状态为均匀一致的流体，无凝块和沉淀，不发滑。

评定方法：

(1)色泽检定：将少量乳倒入白瓷皿中观察其颜色。

(2)气味鉴定：将少量乳加热后，闻其气味。

(3)滋味鉴定：取少量乳用口尝之。

(4)组织状态鉴定：将少量乳倒入小烧杯内静置 1 h 左右后，再小心将其倒入另一小烧杯内，仔细观察第一个小烧杯内底部有无沉淀和絮状物。再取 1 滴乳于大拇指上，检查是否黏滑。

**3. 理化检验**

(1)牛乳新鲜度的测定：正常牛乳的酸度为 16～18°T，蛋白质有一定的稳定性。当乳中微生物发生作用会分解乳糖导致酸度升高，蛋白质稳定性下降，当受到酒精脱水作用和加热时会出现絮状物，因此可以用下列方法来判断牛乳新鲜度的高低。

1)酸度测定：取乳样 10g(精确到 0.001g)置于 250mL 锥形瓶中，加 20mL 新煮沸冷却至室温的水，混匀，再加入 2.0mL 酚酞指示液，混匀。用 0.1mol/L 氢氧化钠标准溶液滴定，边滴加边转动烧瓶，直到颜色与参比溶液的颜色相似，且 5s 内不消退，整个滴定过程应在 45s 内完成。滴定过程中，向锥形瓶中吹氮气，防止溶液吸收空气中的二氧化碳。记录消耗氢氧化钠溶液的毫升数(V)。同时，用等体积的水做空白实验，读取耗用氢氧化钠标准溶液的毫升数(V_0)，代入以下公式计算。详细测定方法见 GB/T 5009.239 –2016 食品酸度的测定。

$$X = c \times (V - V_0) \times 100 / m \times 0.1$$

式中：X——试样的酸度，单位为度(°T)[以 100g 样品所消耗的 0.1mol/L 氢氧化钠毫升数计，单位为毫升每 100 克(mL/100g)]。

c——氢氧化钠标准溶液的摩尔浓度，单位为摩尔每升(mol/L)。

V——滴定时所消耗氢氧化钠标准溶液的体积，单位为毫升(mL)。

V_0——空白实验所消耗氢氧化钠标准溶液的体积，单位为毫升(mL)。

100——100g 试样。

m——乳样的质量，单位为克(g)。

0.1——酸度理论定义氢氧化钠的摩尔浓度，单位为摩尔每升(mol/L)。

酸度用在重复性条件下获得的两次独立测定结果的算术平均值表示，结果保留三位有效数字，且两次独立测定结果的绝对差值不得超过算术平均值的 10%。

2)酒精实验：于试管内用等量中性酒精与牛乳混合(一般 1～2mL)，振摇后观察是否有絮片出现，出现絮片的为酒精阳性乳，表示其酸度较高。不同浓度的酒精可检测出对应的牛乳酸度，见表 3 –1。

表 3 –1　酒精浓度和牛乳酸度对应表

| 酒精浓度/(°) | 不出现絮片的酸度/(°T) |
| --- | --- |
| 68 | ≤20 |
| 70 | ≤19 |

| 酒精浓度/(°) | 不出现絮片的酸度/(°T) |
|---|---|
| 72 | ≤18 |
| 75 | ≤16 |

3)煮沸实验：取牛乳 10mL 放入试管中，在酒精灯上加热煮沸 1min 或置于沸水浴中 5min，取出观察管壁有无絮片或发生凝固现象。产生絮片或发生凝固的表示牛乳已不新鲜，酸度大于 26°T。

（2）牛乳相对密度的测定：牛乳的相对密度系指牛乳在 20℃时的质量与同容积水在 4℃时的质量比，这是我国很多乳品企业采用的密度标准（即 20℃/4℃）。

1）仪器

①乳稠计：20℃/4℃或 15℃/15℃。

②玻璃圆桶（或 200～250mL 量筒）：圆桶高度应大于乳稠计的长度，其直径大小应使乳稠计沉入后，筒内壁与乳稠计的周边距离不少于 5mm。

2）方法

①将 10～25℃的乳样小心注入桶中，加到容积的 3/4 处，注意不要产生泡沫。

②用手拿住乳稠计上部，小心地将它沉入到相当标尺刻度 30 处，放下后使其在乳中自由浮动，但不与桶壁接触。

③静止 1～2min 后，眼睛水平对准桶内牛乳液面的高度，读出乳稠计与牛乳液面接触点的读数。

④根据牛乳温度和乳稠计读数，从温度密度校正表（表 3-2）中，将乳稠计读数换算成 20℃时的度数。

$$乳稠刻度值 = （密度 - 1.000） \times 1000$$

**表 3-2 乳稠计读数变为温度 20℃时的读数换算表**

| 乳稠计刻度数 | 鲜乳温度/(℃) | | | | | | | | | | | | | | | |
|---|---|---|---|---|---|---|---|---|---|---|---|---|---|---|---|---|
| | 10 | 11 | 12 | 13 | 14 | 15 | 16 | 17 | 18 | 19 | 20 | 21 | 22 | 23 | 24 | 25 |
| 25 | 23.3 | 23.5 | 23.6 | 23.7 | 23.9 | 24.0 | 24.2 | 24.4 | 24.6 | 24.8 | 25.0 | 25.2 | 25.4 | 25.5 | 25.8 | 26.0 |
| 26 | 24.2 | 24.4 | 24.5 | 24.7 | 24.9 | 25.0 | 25.2 | 25.4 | 25.6 | 25.8 | 26.0 | 26.2 | 26.4 | 26.6 | 26.8 | 27.0 |
| 27 | 25.1 | 25.3 | 25.4 | 25.6 | 25.7 | 25.9 | 26.1 | 26.3 | 26.5 | 26.8 | 27.0 | 27.2 | 27.5 | 27.7 | 27.9 | 28.1 |
| 28 | 26.0 | 26.1 | 26.3 | 26.5 | 26.6 | 26.8 | 27.0 | 27.3 | 27.5 | 27.8 | 28.0 | 28.2 | 28.5 | 28.7 | 29.0 | 29.2 |
| 29 | 26.9 | 27.1 | 27.3 | 27.5 | 27.6 | 27.8 | 28.0 | 28.3 | 28.5 | 28.8 | 29.0 | 29.2 | 29.5 | 29.7 | 30.0 | 30.2 |
| 30 | 27.9 | 28.1 | 28.3 | 28.5 | 28.6 | 28.8 | 29.0 | 29.3 | 29.5 | 29.8 | 30.0 | 30.2 | 30.5 | 30.7 | 31.0 | 31.2 |
| 31 | 28.8 | 29.0 | 29.2 | 29.4 | 29.6 | 29.8 | 30.0 | 30.3 | 30.5 | 30.8 | 31.0 | 31.2 | 31.5 | 31.7 | 32.0 | 32.2 |
| 32 | 29.8 | 30.0 | 30.2 | 30.4 | 30.6 | 30.7 | 31.0 | 31.2 | 31.5 | 31.8 | 32.0 | 32.3 | 32.5 | 32.8 | 33.0 | 33.3 |

| 乳稠计刻度数 | 鲜乳温度/(℃) | | | | | | | | | | | | | | | |
|---|---|---|---|---|---|---|---|---|---|---|---|---|---|---|---|---|
| | 10 | 11 | 12 | 13 | 14 | 15 | 16 | 17 | 18 | 19 | 20 | 21 | 22 | 23 | 24 | 25 |
| 33 | 30.7 | 30.8 | 31.1 | 31.3 | 31.5 | 31.7 | 32.0 | 32.2 | 32.5 | 32.8 | 33.0 | 33.3 | 33.5 | 33.8 | 34.1 | 34.3 |
| 34 | 31.7 | 31.9 | 32.1 | 32.3 | 32.5 | 32.7 | 33.0 | 33.2 | 33.5 | 33.8 | 34.0 | 34.3 | 34.4 | 34.8 | 35.1 | 35.3 |
| 35 | 32.6 | 32.8 | 33.1 | 33.3 | 33.5 | 33.7 | 34.0 | 34.2 | 34.5 | 34.7 | 35.0 | 35.3 | 35.5 | 35.8 | 36.1 | 36.3 |
| 36 | 33.5 | 33.8 | 34.0 | 34.3 | 34.5 | 34.7 | 34.9 | 35.2 | 35.5 | 35.7 | 36.0 | 36.2 | 36.7 | 36.7 | 37.0 | 37.3 |

注：也可用计算法加以校正。若温度比20℃高出1℃，则在相对密度上加上0.0002；每低于1℃，则从相对密度上减去0.0002。

## 四、讨论题

1. 原料乳理化检验指标有哪些？
2. 如何检验原料乳的新鲜度？

# 实验二　掺假乳的检验

## 一、实验目的

通过本次实验，了解牛乳常见的掺假类型，掌握几种常见掺假乳的检测方法。

## 二、主要仪器、试剂

### 1. 主要仪器

量筒、吸管、乳稠计、试管。

### 2. 试剂

0.04%溴麝香草酚蓝酒精溶液、碘溶液、醇醚混合液、25%的氢氧化钠溶液、0.01mol/L硝酸银溶液、10%铬酸钾溶液。

## 三、实验项目

### 1. 掺水乳的检测

（1）原理：乳的比重与乳中的乳固体含量有关。当乳中掺水后，乳中非脂固体含量降低，比重也随之变小。故测定乳的比重可作为判定原料乳是否掺假的质量指标。

（2）方法：乳样摇匀沿桶壁缓慢倒入量筒，防止产生泡沫，将乳密度计放入乳中使其沉到1.030处放手，使其自由浮动（桶壁与密度计不要接触），静置1~2min后读取弯液面上缘读数，同时测量并记录乳的温度，计算密度和比重。

（3）结果判定：正常牛乳的相对密度≥1.027，低于此值为掺水可疑。

掺水量（%）=（正常比重的度数－实测比重的度数）×100/正常比重的度数

**2. 掺碱乳的检测**

(1)原理：牛乳在正常情况下显示酸性特质，当掺入碱类物质时，pH 值即发生改变。溴麝香草酚蓝可在 pH 6.0～7.6 的溶液中，呈现黄色、黄绿、绿、蓝色，故可根据颜色的变化进行概约的定量。

(2)操作方法：取被检乳样 5mL 注入试管中，然后用滴管吸取 0.04% 溴麝香草酚蓝酒精溶液，小心地沿管壁滴加 5 滴，使两液面轻轻地相互接触(切勿使两溶液混合)，放置在试管架上，静置 3min，根据接触面出现的色环特征进行判定，同时以正常乳作对照。

(3)判定：按乳中掺碱量与颜色反应的对应关系表(表 3 - 3)进行判定。

表 3 - 3 乳中掺碱量与颜色反应的对应关系

| 掺碱量 | 无 | 0.05% | 0.1% | 0.3% | 0.5% | 0.7% | 1.0% | 1.5% |
|---|---|---|---|---|---|---|---|---|
| 颜色 | 黄色 | 浅绿 | 绿色 | 深绿 | 青绿 | 浅蓝 | 蓝色 | 深蓝 |

**3. 掺淀粉的检测**

(1)原理：一般淀粉中都存在直链淀粉与支链淀粉 2 种结构，其中直链淀粉可与碘生成稳定的络合物，呈现深蓝色。因此，依据上述原理可以对乳中加入的淀粉或米汁进行检测。

(2)操作方法：取 5mL 乳样注入试管中，稍煮沸，待冷却后，加入 3～5 滴碘溶液，观察试管内颜色变化。

(3)结果判定：如果牛奶中掺有淀粉、米汁，则出现蓝色或蓝青色；如掺入糊精类，则为紫红色。

**4. 掺食盐的检验**

(1)原理：在一定量牛乳样品中，硝酸银与铬酸钾发生红色反应。如牛乳中氯离子含量超过了天然乳，全部生成氯化银沉淀，呈现黄色反应。

(2)操作方法：取 5mL 0.01mol/L 的硝酸银溶液和 2 滴 10% 的铬酸钾溶液，于试管中混匀；加入待检乳样 1mL，充分混匀。

3. 结果判定：如果牛乳呈黄色，说明其中 $Cl^-$ 的含量大于 0.14%(正常乳中 $Cl^-$ 含量 0.09%～0.12%)。

## 四、实验要求

完成本次实验各乳样的检测，提交检测结果及分析报告。

## 五、讨论题

常见掺假乳的形式及检验方法有哪些?

# 实验三　巴氏杀菌乳的制作

## 一、实验目的

掌握巴氏杀菌乳生产的基本原理和方法，熟悉相关仪器和设备的使用。

## 二、主要仪器、设备和原辅材料

### 1. 主要仪器、设备

鼓风干燥机、高压均质机、高压蒸汽杀菌锅、离心机等。

### 2. 原辅材料

鲜牛乳、藻酸丙二醇酯(PGA)、CMC、酪朊酸钠、市售变性淀粉。

## 三、实验原理

巴氏杀菌乳是以新鲜牛奶为原料，采用巴氏杀菌法加工而成的牛奶。巴氏杀菌乳的特点是采用72～85℃的低温杀菌方法，在杀灭牛奶中有害菌群的同时完好地保存了营养物质和纯正口感。巴氏杀菌乳经过离心净乳、标准化、均质、杀菌和冷却，然后以液体状态灌装，直接供给消费者饮用。

巴氏消毒法(法语：Pasteurisation)是法国生物学家路易·巴斯德(Louis Pasteur)于1862年发明的消毒方法。该方法主要用于杀灭牛奶里含有的病菌。巴氏消毒是指将液体加热到一定温度并持续一段时间，以杀死可能导致疾病或变质的发酵微生物的过程。其工作原理是：在一定温度范围内，温度越低，细菌繁殖越慢；温度越高，细菌繁殖越快；但温度太高，细菌就会死亡。巴氏消毒其实就是利用病原体不耐热的特点，用适当的温度和保温时间，杀灭原料中的微生物。但经巴氏消毒后，原料中仍有小部分无害或有益、较耐热的细菌或细菌芽孢。因此，巴氏消毒不是"无菌"处理过程。

## 四．实验方法

### 1. 工艺流程(图3-1)

鲜牛乳 ⟶ 预热 ⟶ 调和配制（复合乳化稳定剂） ⟶ 均质 ⟶ 巴氏杀菌 ⟶ 冷却 ⟶ 装瓶

图3-1　巴氏杀菌乳加工的工艺流程

### 2. 操作要点

(1)预热：将鲜牛乳加热至60℃。在加工过程中，操作温度对产品的稳定性至关重要，因为牛乳中的蛋白质易受热变性，故在整个制备过程中应以低温为主。

(2)调和配制：用剪切机将乳化剂或稳定剂充分混合，然后混入预热的鲜牛乳中。复合乳化稳定剂的最佳组合为：酪朊酸钠0.1%，CMC 0.1%，PGA 0.05%。

(3)均质：将调配好的混合液在60℃、10～25MPa的压力下进行均质。杀菌温度为

70℃，时间为 10min。

(4)杀菌：采用高温短时杀菌(HTST)法加热杀菌。

## 五、讨论题

1. 杀菌的温度和时间对产品质量有何影响？
2. 市场上常见的巴氏杀菌乳有哪些品牌？

# 实验四　发酵剂的制备及鉴定

## 一、实验目的

在实验室条件下了解和熟悉酸乳发酵剂的制备方法及其鉴定方法。

## 二、主要仪器、设备和试剂

### 1. 主要仪器、设备

5～10mL 吸管(灭菌)2 支，50～100mL 灭菌量筒 2 个，20mL 带棉塞灭菌试管 2 支，150mL 三角烧杯 2 个，酒精灯 1 盏，脱脂棉 1 斤，恒温箱(共用)，手提式高压灭菌器，其他(玻璃铅笔、试管架、吸耳球、火柴、水桶)；碱式滴定管及滴定架，100～150mL 烧杯或三角烧杯，10～20mL 吸管。

### 2. 试剂

0.1mol/L NaOH 溶液、1%～2%酚酞酒精溶液。

## 三、实验方法

### 1. 发酵剂的制备

(1)操作过程

1)菌种的选择与活化：酸乳制品发酵剂的菌种一般由专门实验室保存，使用者应根据生产的酸乳制品种类进行选择活化(参阅表 3 - 4)。

表 3 - 4　发酵剂的菌种活化表

| 种类 | 菌种 | 主要机能 | 最适温度/(℃) | 凝乳时间/(h) | 极限酸度/(°T) | 适应的酸乳制品 |
|------|------|---------|-------------|------------|--------------|--------------|
| 乳酸杆菌 | L. bulgaricus | 产酸生香 | 45～50 | 12 | 300～400 | 酸凝乳　牛乳 |
| | L. bulgaricus | 产酸生香 | 40～42 | 12 | 300～400 | 马乳酒 |
| | L. acidophilus | 产酸 | 45～50 | 12 | 300～400 | 嗜酸菌乳 |
| | L. casei | 产酸 | 45～50 | 12 | 300～400 | 液状酸凝乳 |

续　表

| 种类 | 菌种 | 主要机能 | 最适温度/(℃) | 凝乳时间/(h) | 极限酸度/(°T) | 适应的酸乳制品 |
|---|---|---|---|---|---|---|
| 乳酸球菌 | Str. thermophilus | 产酸 | 50 | — | — | 酸凝乳 |
| | Str. lactis | 产酸 | 30～35 | 12 | 120 | 人工酪乳酸稀奶油 |
| | Str. Cremoris | 产酸 | 30 | 12～14 | 110～115 | 人工酪乳酸稀奶油 |
| | Str. diacetilactis | 产酸产香 | 30 | 18～48 | 100～105 | 人工酪乳酸稀奶油 |
| | Slu. cremoris | 生香 | 30 | — | — | 人工酪乳酸稀奶油 |
| 酵母 | Candida. refyr | 生醇、$CO_2$ | 16～20 | 15～18 | — | 牛乳酒 |
| | Kluyeromyces | 生醇、$CO_2$ | — | — | — | 牛乳酒 |
| | Frsgilis | 生醇、$CO_2$ | — | — | — | 牛乳酒 |

2）活化菌种：按无菌操作进行，菌种为液体时，用灭菌吸管取 1～2mL 接种于装有 10mL 灭菌脱脂乳的试管中，若菌种为粉状的用灭菌铂耳或玻璃棒取少量接种于灭菌脱脂乳的试管中混合，然后置于恒温箱中根据不同菌种的特性选择培养温度与时间培养活化。依菌种活力活化可进行 1 至数次。

（2）调制母发酵剂：将脱脂乳分装于试管中和三角烧杯中，每个试管 10mL，每个三角瓶 100～150mL，然后盖上棉塞、硫酸纸，扎紧后进行高压灭菌，灭菌温度为 120℃，保持 5min，之后慢慢放气，取出灭菌乳冷却至 42℃ 左右再进行接种，接种 2%～3%，充分混匀后，置于恒温箱中培养（40～42℃，2.5～3h），三角瓶中的菌种用于制作生产发酵剂，试管中的菌种仍可作为原菌种保留。原菌种更新周期一般为 3 天，最长不得超过 1 周。制备好的菌种放于冰箱内保存。

（3）调制生产发酵剂：将脱脂乳分装于 500mL 的三角瓶中，将三角瓶盖严后进行灭菌，灭菌温度为 120℃，时间为 5min。按上述方法取出脱脂乳冷却至 45℃ 时接种，接种量在 2%～5%，充分混合后置于恒温箱中培养（40～45℃，2.5～3h）。此菌种供生产酸乳制品时使用。

**2. 发酵剂的质量检验**

（1）感官检验：观察发酵剂的质地、组织状态、凝固与乳清析出的情况，味道和色泽。好的发酵剂应凝固的均匀、细腻和致密，无块状物，有一定弹性，乳清析出少，具有一定的酸味或香味，无异常味，无气泡和色泽变化。

（2）化学检验

1）检验酸度：采用滴定法，计算出酸度或吉尔涅尔度（T）。

①操作：用吸管吸取 10mL 发酵剂于 100～150mL 三角瓶中，加 20mL 蒸馏水混匀，加 2 滴酚酞酒精溶液，用 0.1mol/L NaOH 滴定至出现玫瑰红色 1 分钟不消失为止。

②计算：

$$T = 消耗的 \ 0.1mol/L \ NaOH \ 毫升数 \times 10 \times F$$

其中 F 为 0.1mol/L NaOH 的浓度系数，F = 摩尔浓度/0.1。T 为吉尔涅尔度，F 为滴定液浓度校正因数。

$$乳酸度（\%）= \frac{滴定消耗的 \ 0.1mol/L \ NaOH \ 毫升数 \times 10 \times 0.009}{样品毫升数 \times 1.030}$$

2）细菌学检验：主要检验发酵剂的乳酸菌数和杂菌污染情况。一般先进行显微镜直接计算数，由于发酵剂含菌数过高，需要将发酵剂进行百倍或千倍稀释，在计数时要注意观察有无污染。然后再计算乳酸菌数，以菌数计数法检验活菌数，品质好的发酵剂每毫升内活菌数不应少于 $10^9$ 个。

3）活力检验：以乳酸菌产酸和色素还原能力来确定发酵药剂的活力。

①酸度测定法：向灭菌脱脂乳中加 3% 发酵剂，在 37.8℃ 或 30℃ 培养 3.5h，再滴定其酸度。以酸度值来表示结果，酸度超过 0.4% 为活力较好。

②刃天青还原法：将 1mL 发酵剂加入 9mL 灭菌脱脂乳中，并加 0.05% 刃天青溶液 1mL 在 36.7℃ 条件下保温 30min 后开始观察，其后每 5min 观察一次结果，以出现淡粉红色为终点。50～60 分钟还原的发酵剂不宜使用，对照的不含发酵剂空白灭菌乳的还原时间不应少于 4h。

## 四、讨论题

1. 发酵剂质量检验的方法有哪些？
2. 如何进行菌种的活化？

## 实验五　酸奶的制作

## 一、实验目的

1. 掌握发酵酸奶的制作工艺。
2. 熟悉相关仪器和设备的使用。

## 二、主要仪器、设备和原辅材料

### 1. 主要仪器、设备
混料罐或不锈钢锅、恒温水浴锅、培养箱、台秤、电子天平等。

### 2. 原辅材料
木瓜、脱脂乳粉、白砂糖、乳酸菌（发酵剂）、稳定剂、果酱、塑料杯或玻璃瓶等。

## 三、实验原理

酸奶是以牛奶为原料，经过巴氏杀菌后再向牛奶中添加有益菌（发酵剂），经发酵后，再冷却灌装的一种牛奶制品。目前市场上酸奶制品以凝固型，搅拌型和添加各种果汁、果酱等辅料的果味型为多。经加工的酸奶保留了牛奶的所有优点，成为更加适合于人类的营养保健品。

酸奶是在牛乳中加入乳酸菌发酵剂，由于乳酸发酵使牛乳的 pH 值降至其等电点使牛乳凝固而成的一种产品。乳酸发酵受到原料乳质量、处理方式、发酵剂的种类、加入量、发酵温度和时间等多种因素的影响。

## 四、实验方法

### 1. 工艺流程(图3-2)

发酵剂

配料 → 杀菌 → 冷却 → 接种 → 搅拌 → 装杯 → 封盖 → 培养 → 冷却 → 成品

图3-2 酸奶制作的工艺流程

### 2. 参考配方

奶粉12~15g/100g,糖5~8g/100g,发酵剂4g/100g。

### 3. 操作要点

(1)制备发酵剂

1)乳酸菌纯培养物:将10%的脱脂乳分装于灭菌试管中,在115℃条件下灭菌15min,冷却至40℃,接种1%~2%已活化的菌种,45℃条件下培养3~6h,经凝固,冷却至4℃冷藏备用。一般重复上述工艺4~5次,接种3~4h后凝固,以酸度达90 °T左右为准。

2)制备母发酵剂:将300~400mL 10%的脱脂乳分装于灭菌的三角瓶,115℃条件下灭菌15min,冷却至40℃,接种2%~3%的乳酸菌纯培养物,37~45℃条件下培养3~6h,经凝固,冷却至4℃冷藏备用。

3)制备工作发酵剂:将10%的脱脂乳85℃条件下灭菌15min,冷却至40℃,接种2%~3%的母发酵剂15h,37~45℃条件下培养3~6h,经凝固,冷却至4℃冷藏备用。

(2)配料:奶粉12~15g/100g,糖5~8g/100g。

(3)杀菌:用热水杀菌,杀菌公式为15min/85℃,冷却至44℃左右。

(4)接种:把工作发酵剂加到混料之中,接种量为3%,搅拌均匀,加酸奶约5%~10%,把搅拌均匀后的料装入玻璃杯,每杯150g左右。

(5)培养:把接种混料放入培养箱,在43℃条件下培养,每隔30min测定酸度和pH值。当混料的pH值降至4.6~4.8,酸度达到70~80 °T,凝乳组织均匀、致密、无乳清析出,表明凝块质地良好,达到发酵终点。

(6)冷却:把酸乳冷却到4℃左右。

## 五、产品质量标准

发酵酸乳应具有发酵乳的滋味和气味,酸甜适中,口感黏稠,没有乳清析出。

## 六、讨论题

1. 如果制作搅拌型酸乳,本实验的工艺流程和操作要点应做何调整?

2. 搅拌型酸乳和凝固型酸乳的区别是什么?

# 实验六　契达干酪的制作

## 一、实验目的

1. 了解干酪的产品质量标准。
2. 掌握契达干酪加工的方法及步骤。

## 二、主要仪器、设备和原辅材料

### 1. 主要仪器、设备

贮奶罐、过滤器、杀菌器、干酪槽、干酪刀、干酪压榨成型器等。

### 2. 原辅材料

鲜牛乳、发酵剂、皱胃酶、$CaCl_2$、食盐等。

## 三、实验原理

凝乳酶是一种最早在未断奶的小牛胃中发现的天门冬氨酸蛋白酶。凝乳酶可专一地切割乳中 k - 酪蛋白的 Phe105 - Met106 之间的肽键，破坏酪蛋白胶束使牛奶凝结。凝乳酶的凝乳能力及蛋白水解能力使其成为干酪生产中形成质构和特殊风味的关键性酶。

干酪(cheese)是以乳、稀奶油、脱脂乳，或部分脱脂乳、酪乳，或这些产品的混合物为原料，经凝乳酶或其他凝乳剂凝乳，并排除乳清而制得的新鲜或发酵成熟的产品。干酪含有丰富的营养成分，主要为乳蛋白质和脂肪，其浓度相当于将原料乳中的蛋白质和脂肪浓缩 10 倍。干酪中的蛋白质经过发酵成熟后，由于凝乳酶和发酵剂微生物产生的蛋白酶的作用而形成胨、肽、氨基酸等可溶性物质，极易被人体消化吸收。干酪中的蛋白质消化率为96%～98%。

## 四、实验方法

### 1. 工艺流程(图3-3)

原料乳杀菌 ⟶ 冷却 ⟶ 发添加酵剂 ⟶ 保温（预酸化）⟶ 加氯化钙 ⟶ 加凝乳酶
⟶ 凝块形成 ⟶ 切块 ⟶ 搅拌、加热及排除乳清 ⟶ 加盐 ⟶ 成型压榨 ⟶ 发酵成熟
⟶ 上色挂蜡 ⟶ 成品

图 3 - 3　契达干酪加工的工艺流程

### 2. 配料

鲜牛乳 100kg，发酵剂 1～2kg(按产品推荐使用量)，皱胃酶(按活力计算)，氯化钙($CaCl_2$)5～20g，食盐。

### 3. 操作要点

(1)原料乳的前处理：原料乳经净化后，在63℃条件下保温杀菌30min，然后冷却

至 32℃。

（2）预酸化：于冷却后的牛乳中加入工作发酵剂或直投式发酵剂，进行乳酸发酵，这一过程又叫预酸化。发酵剂可用乳油链球菌和乳酸链球菌的混合菌种，温度为 32℃，时间约 1h，酸度至 20～24 °T。

（3）加 $CaCl_2$：将 $CaCl_2$ 配成 10% 的溶液加入到原料乳中，以调节盐类平衡，促进凝块的形成。

（4）加皱胃酶：皱胃酶的添加量因酶的活力而异，所以应先测定其活力，再根据活力来计算皱胃酶的用量。添加凝乳酶时，一般在 28～33℃，要求约 40min 凝结成半固态。凝块无气孔，摸触时有软的感觉，乳清透明，表明凝固状况良好。

1）乳酶的活力：指 1mL 皱胃酶溶液（或 1g 干粉）在一定温度下（35℃）一定时间内（通常为 40min）能凝固原料乳的毫升数来表示。

2）活力测定方法：取 10mL 原料乳置于试管中，加热至 35℃，然后加入 1mL 1% 的皱胃酶溶液，迅速混合均匀，准确记录开始加入酶溶液到乳凝固时所需的时间（秒），此时间也称凝乳酶的绝对强度。

按下式计算活力：

$$酶的活力 = （供试乳数量/皱胃酶量）×（2400 秒/凝乳时间）$$

3）按下式计算凝乳酶用量（x）：

$$1: 酶的活力 = x: 原料乳量$$

（5）切块：将凝块用干酪刀纵横切成约 $1cm^3$ 大小的方块。

（6）搅拌、加热及排除乳清：将切割过的凝乳缓慢搅拌并加热至 32～36℃，当凝块体积缩小至原来的一半大小，将乳清排除。

（7）加盐及成型压榨：将干酪颗粒堆积在干酪槽的一端，用带孔的压板压紧，继续排除乳清。然后将食盐撒布在干酪粒中，混合均匀，将混匀的干酪粒用纱布包好后装入压榨模具中，用力压紧，压榨 24h 后取出，称之为生干酪。

（8）发酵成熟：将干酪放入发酵间进行成熟。发酵间一般要求保持 5～15℃ 的温度和 80%～90% 的相对湿度，时间大约 6 个月。

（9）上色挂蜡：将成熟后的干酪清洗干净后，用食用色素染成红色，色素完全干燥后再在 160℃ 的石蜡中挂蜡，或用收缩塑料薄膜进行密封。成品要求于 5℃ 的低温和 88%～90% 的相对湿度条件下贮藏。

## 五、讨论题

1. 干酪的凝乳机理与酸奶有何不同？
2. 影响凝乳酶凝乳的因素有哪些？

# 实验七 冰淇淋的制作

## 一、实验目的

1. 熟悉并掌握冰淇淋的制作工艺。
2. 掌握相关仪器和设备的使用。

## 二、主要仪器、设备和原辅材料

### 1. 主要仪器、设备

混料罐、加热锅、搅拌器、高压均质机、冰淇淋凝冻机、盐水槽子、冰箱、模子、烧杯、台秤、电子天平等。

### 2. 原辅材料

全脂乳粉(纯牛奶),棕榈油,白砂糖,稳定剂(瓜胶、明胶、海藻酸钠、黄原胶),乳化剂(单酸甘油酯、蔗糖酯),香精,色素,鸡蛋等。

## 三、实验原理

冰淇淋是以奶粉、奶油、鸡蛋、白砂糖、淀粉、香草粉等为原料,经混合、灭菌、冷热搅拌、高压均质、冷热交换、老化、冷冻膨化、装杯而制成的冷冻食品。冰淇淋按其味型可分为香草、奶油、果味等类别。根据脂肪含量可分为高脂肪、中脂肪和低脂肪冰淇淋。各类冰淇淋根据其理化指标还可分为特级、高级、中级和低级四个级别。

乳化剂是指能够使乳浊液稳定的表面活性剂,能够改善乳浊液中各种构成相之间的表面张力,使之形成均匀稳定的分散体系或乳浊液。

## 四、实验方法

### 1. 工艺流程(图3-4)

原料混合 → 加热 → 均质 → 杀菌 → 冷却 → 成熟 → 凝冻 → 装杯或装模 → 硬化 → 成品

图3-4 冰淇淋制作的工艺流程

### 2. 参考配方

白砂糖 15g/100g,奶粉 5g/100g,奶油 5g/100g,鸡蛋 8g/100g,麦精粉 1g/100g,单酸甘油酯 0.2g/100g,甜蜜素 0.05g/100g,黄原胶 0.1g/100g,瓜胶 0.1g/100g,海藻胶 0.1g/100g,香精 0.2g/100g。

### 3. 操作要点

(1)将稳定剂先与部分白砂糖干混,加温水溶化后待用。

(2)用60℃水溶解奶粉和白砂糖;将经单酸甘油酯溶化的人造奶油或棕榈油加入奶液中,搅拌均匀。

(3)将麦精粉、甜蜜素用水溶化后加入。

(4)加热温度为60℃，在18~20MPa的压力下均质。

(5)杀菌公式为20min/75℃。杀菌后，立即用冰水冷却混料至4℃，并在此温度下保持4h以上，进行老化成熟。

(6)使用冰淇淋凝冻机进行膨化。

(7)将凝冻的冰淇淋装入塑料杯或模子，放入冰箱，进行速冻硬化。

## 五、产品质量标准

冰淇淋应具有乳香味，口感滑润，无冰屑之粗糙感，膨胀率约为80%~100%。

膨胀率的计算公式为：

$$A = 100(B - C)/C$$

式中：A——膨胀率。

　　　　B——混料的重量。

　　　　C——与混料同容积的冰淇淋的重量。

## 六、讨论题

1. 各组分在冰淇淋中的作用是什么？

2. 以实验结果说明稳定剂和乳化剂对冰淇淋产品品质和工艺过程的影响。

3. 影响冰淇淋膨胀率的因素是什么，如何进行控制？

# 实验八　乳粉的制作

## 一、实验目的

1. 掌握全脂加糖乳粉生产的基本原理和方法。

2. 熟悉喷雾干燥的操作特点。

## 二、主要仪器、设备和原辅材料

### 1. 主要仪器、设备

加热锅、奶油分离机、真空浓缩器、高压均质机、喷雾干燥器等。

### 2. 原辅材料

牛乳、白砂糖等。

## 三、实验原理

乳粉的制作原理是将浓缩过的乳借用机械力量，即压力方法或高速离心的方法，通过喷雾器将乳分散为很小的乳滴，同时送入热风，使浓缩乳中的水分在很短的时间内蒸发完毕，乳粉颗粒落入干燥室底部，水蒸气被热风带走。

## 四、实验方法

### 1. 工艺流程(图3-5)

糖浆

牛乳 → 检验 → 加热 → 分离 → 标准化 → 杀菌 → 浓缩 → 干燥 → 包装

图3-5 奶粉制作的工艺流程

### 2. 操作要点

(1)牛乳检验：测定原料乳的温度、酸度、比重，进行酒精试验。

(2)加热：使用加热锅加热牛乳至35℃。

(3)分离：使用奶油分离机将牛乳分离成稀奶油和脱脂乳。测定牛乳、稀奶油和脱脂乳的脂比重，并根据牛乳的比重和脂肪含量计算乳固体。

(4)标准化：脂肪含量为20%～25%，砂糖小于20%，水分小于3%。以1kg成品乳粉为基准，使用全脂乳、稀奶油和脱脂乳配制所需的标准化乳。配制浓度为65%的糖浆，煮沸杀菌，冷却至70℃备用。

(5)杀菌：使用加热锅对标准化乳进行杀菌，杀菌温度为85℃，持续时间为5min。

(6)浓缩：①清洗小型真空浓缩器，开动循环泵，通过CIP清洗装置，用75℃的热水循环2min。②在真空度为0.0837～0.0902MPa，料温为50℃的条件下浓缩，在浓缩后期添加糖浆，浓缩奶的干物质达到45%～50%时，进行喷雾。③奶排出之后，按下述程序清洗浓缩器：清水循环2min后排放；2%的氢氧化钠溶液循环15min后排放；清水循环2min后排放；以75℃热水循环2min后排放。

(7)喷雾干燥：①熟悉喷雾干燥器的构造、工作原理和操作规程，并进行清洁和预热。②按照拟定的工艺条件，调整热工参数，在进风温度150～170℃、排风温度80～95℃范围选择，并进行喷雾操作。③按操作规程于干燥将结束前，做好停机准备，按程序停机、出粉及清扫，必要时进行设备的清洗与烘干。

## 五、产品评价

全脂加糖乳粉应具有该产品的滋味和气味，无异味，溶解度以重量法测定不低于98%。本实验中要求：①以感官评定的方法评价产品。②以重量法测定产品的溶解度。③以巴布考克法测定产品的脂肪含量。

## 六、讨论题

1. 乳粉喷雾干燥的原理是什么？

2. 简述乳粉生产的工艺流程及操作要点？

3. 如果产品的检测指标不达标，如何调整实验的工艺参数以满足产品质量的要求？

# 实验九　奶皮子和奶豆腐的制作

## 一、实验目的

通过在实验条件下对奶皮子和奶豆腐的加工，进一步了解和熟悉其加工方法、工艺过程和加工原理。

## 二、主要仪器、设备和原辅材料

### 1. 主要仪器、设备

恒温箱、高压蒸汽灭菌锅、干酪槽等。

### 2. 原辅材料

鲜奶、发酵剂等。

## 三、实验原理

牛奶在刚开始加热的过程中，由于乳脂肪的膨胀及乳液黏度的下降，促进了脂肪的上浮，聚集到乳液面上；随着加热的进行，脂肪球膜蛋白发生变性，促使其与内部脂肪部分分离，在加热翻扬的过程中也促进了脂肪球膜的破裂，失去脂肪球膜的脂肪在热力学上是不稳定的，很易凝结在一起，而且在这一过程中，乳脂肪可吸附乳中的酪蛋白、乳清蛋白而降低表面张力，使其形成更稳定的皮膜。因此，奶皮子不仅含有丰富的乳脂肪，还含有一定的蛋白质。

蒙古族奶豆腐是一种传统的民族食品，是具有牧区特点的一种牧民非常喜欢的传统的可直接食用的食品。奶豆腐是在家庭作坊式的条件下，用鲜奶自然发酵至乳清与乳酪分离后煮沸而制成。本实验在传统制作工艺的基础上添加发酵剂进行发酵，发酵剂是由乳酸链球菌和乳油链球菌组成的，从而大大缩短了发酵时间，并且提高了产品的稳定性。

## 四、实验方法

### (一)奶皮子的制作

#### 1. 工艺流程(图3-6)

全脂乳 → 过滤 → 加热沸腾 → 翻扬起泡沫 → 保温 → 冷却 → 取出 → 折叠 → 干燥 → 成品

图3-6　奶皮子制作的工艺流程

#### 2. 操作要点

(1)以新鲜全脂乳为原料乳，乳脂率高者为最佳，将新鲜全脂乳用2～3层纱布过滤，除去杂质。

(2)将过滤后的牛乳放入锅内并加热，边加热边搅拌，以免焦煳，直到乳液开始沸腾。

(3)当乳液表面产生大量的气泡，过一段时间后停止搅拌，以文火保温，不得沸腾，保温时间为4～6h。在保温过程中，乳液面水分逐渐蒸发并形成皮膜，随时间的延续，皮膜增厚。

(4)保温一定时间后，停止加热，将锅取下在室温下自然冷却，这时乳脂肪继续上浮，但速度相对较慢。最终，在乳的表面就形成一层厚厚的、较硬的皮膜，即为奶皮子。

(5)奶皮子冷却形成后，用一小刀沿锅边将其划开，然后用筷子将其从锅中取出，轻取以不破裂为度，并将圆形奶皮子对折，脂肪层向里，自然干燥为成品。

(二)奶豆腐的制作

### 1. 工艺流程(图3-7)

原料乳（制作奶皮子后的脱脂乳）—→ 杀菌 —→ 添加发酵剂 —→ 自然凝乳 —→ 切割 —→

升温搅拌 —→ 保温搅拌 —→ 静置 —→ 排乳清 —→ 堆积 —→ 切碎 —→ 压榨 —→ 真空包装 —→ 成品

图3-7　奶豆腐制作的工艺流程

### 2. 操作要点

(1)发酵剂制备：将菌种接入脱脂乳培养基中，30℃培养至凝乳，此时乳酸度为0.6%～0.7%。

(2)添加发酵剂：在30～32℃条件下加入发酵剂，发酵剂的添加量为1.5%，并充分搅拌几分钟。

(3)自然凝乳和切割：利用发酵剂产生的酸凝乳，把凝固好的牛乳切成大豆粒大小的块，这是为了增加凝粒的表面积而加快乳清的排出。切割的时机或迟或早对奶豆腐的得率及质量都有不良影响。判断的方法是当乳凝固后，凝块达到适当的硬度时，用刀在凝块表面切一道深为2cm、长为5cm的切口，用食指斜向从切口的一端插入凝块中约3cm，当手指向上挑起时，如果切面整齐平滑，指上无小片凝块残留，且渗出的乳清透明时，即可开始切割。

(4)升温搅拌：凝块切割后(此时测定乳清的酸度)，开始轻轻搅拌，此时凝块较脆弱，应防止将凝块碰碎。经过15min后，搅拌速度稍微加快，与此同时，加热使温度逐渐升高，当温度达到30℃时停止加热并维持此时的温度。在整个升温过程中应不停地搅拌，以促进凝块的收缩和乳清的渗出，防止凝块沉淀和相互粘连。保温时间一般为45min，保温过程中继续搅拌，这样有利于乳酸菌进一步生长繁殖，进一步渗出乳清，有利于凝块的形成。

(5)排乳清：在静置的后期，乳清酸度达0.17%～0.18%时，凝块收缩至原来的一半，用手捏凝乳粒感觉有适度弹性，或用手握一把凝乳粒，用力压出水分后放开，如果凝乳粒富有弹性，搓开仍能重新分散时，即可排除乳清。

(6)堆积：乳清排除后，将凝乳粒堆积在干酪槽的两侧，一段时间后凝乳粒就结成一整块了，然后将整块凝乳粒切成小块翻转堆积，15min翻转堆积一次，翻转5次，2h内完成。目的是使乳清充分排出，加快乳酸菌的繁殖，增加酸度。

(7)切碎、压榨：堆积完成后，再切成15～20cm³的小方块后，装入模具中进行定型压榨。模具周围设有小孔，由此渗出乳清。模具装满后，放在压榨机上进行压榨定型，以7～8bar的压力压榨16h，即为奶豆腐。

## 五、讨论题

1. 制作奶皮子和奶豆腐的关键步骤有哪些？为什么？
2. 奶皮子和奶豆腐的市场需求怎么样？

# 实验十　芦荟牛奶复合饮料的工艺优化

## 一、实验目的

芦荟是一种集医药、美容、保健及观赏为一体的绿色植物。芦荟除了上述功能以外，还可以用于开发功能性食品，来提高消费者的身体和精神的适应能力。据报道，欧美等国家已开发出相关的保健品，并在市场上推出，取得了良好的效果。牛奶是人类最理想的液体食物，它几乎能全部被人体消化和吸收。牛奶中脂肪的含量约为3%～5%，包括20种以上的脂肪酸混合物，因其本身具有良好的乳化状态，所以乳脂肪是一种消化率很高的食用脂肪。牛奶中蛋白质含量约在3.3%～3.5%，其中以酪蛋白、乳白蛋白、乳球蛋白为主，由20几种氨基酸构成，包括了人体所必需的全部氨基酸。此外牛乳中还含碳水化合物、矿物质和多种维生素。因此，以芦荟汁、鲜牛奶为主要原料，经调配、灌装、杀菌等工序开发出一种新型复合保健饮料，对于促进山区资源的开发、丰富消费市场具有重要的现实意义。

## 二、主要仪器、设备和原辅材料

### 1. 主要仪器、设备
榨汁机、调配缸、去皮机、灌装机、灌装机、真空脱气机等。

### 2. 原辅材料
库拉索芦荟、鲜牛奶、白砂糖、柠檬酸、稳定剂CMC。

## 三、实验原理

依据口感协调、营养互补的原则，以芦荟汁、鲜牛奶为主要原料，经调配、灌装、杀菌等工序开发出一种新型复合保健饮料。

## 四、实验方法

### 1. 工艺流程(图3-8、图3-9)

芦荟 ⟶ 去皮 ⟶ 果肉清洗 ⟶ 打浆 ⟶ 离心 ⟶ 芦荟汁

图3-8　芦荟汁制备的工艺流程

芦荟汁、鲜牛奶
↓
白砂糖,柠檬酸 → 调配 → 均质 → 杀菌 → 灌装 → 成品

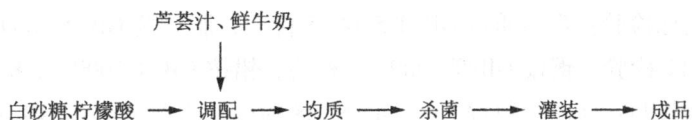

图 3-9 芦荟牛奶复合饮料制备的工艺流程

### 2. 操作要点

(1)芦荟汁的制备：选择新鲜优质的原料，按图 3-8 的工艺流程制备待调配芦荟汁。芦荟榨汁前需预处理，先用 1% 盐酸溶液在 40℃下处理 30min，然后用清水漂洗，再用 1% NaOH 溶液在 50℃下处理 15min，再用清水漂洗。打浆之前，先将果肉在 65～70℃的水中预煮 10min，钝化酶的活性以护色，然后离心分离，4000r/min 处理 10min，得到芦荟汁。

(2)调配：将芦荟汁和鲜牛奶按一定比例进行复配后，用白砂糖、柠檬酸进行饮料口感的调配，然后加入适量稳定剂 CMC。

(3)均质：将配制好的饮料用高压均质机进行均质。均质温度为 70℃，压力为 20～30MPa。需进行两次均质，以使饮料组织状态均匀稳定，口感更加细腻柔和。

(4)杀菌：采用超高温瞬时杀菌法(UHT)，杀菌条件温度为 125℃，时间为 10～15s。

(5)灌装：杀菌后待饮料温度冷却至 60℃左右，然后利用灌装机进行灌装。

### 3. 芦荟牛奶复合保健饮料适宜配方的确定

以白砂糖、芦荟汁、柠檬酸、鲜牛奶为 4 个因素，每个因素选择 3 个水平(见表 3-5)，在感官评价的基础上通过正交实验确定复合饮料的适宜风味配方。

表 3-5　芦荟牛奶复合保健饮料正交试验因素和水平表

| 水平 | 因素 | | | |
|---|---|---|---|---|
| | A 白砂糖/(%) | B 芦荟汁/(%) | C 柠檬酸/(%) | D 鲜牛奶/(%) |
| 1 | 6 | 15 | 0.1 | 10 |
| 2 | 8 | 20 | 0.2 | 20 |
| 3 | 10 | 25 | 0.3 | 30 |

### 4. 产品评价的方法

(1)感官检验：感官评价法见表 3-6。

表 3-6　感官评价标准表

| 项目 | 评分标准 | 满分 |
|---|---|---|
| 色泽 | 均匀的乳白色或乳黄色，略带有芦荟汁色泽 | 20 |
| 组织状态 | 均匀细腻的乳状液，无分层现象，无沉淀，无肉眼可见杂志 | 30 |
| 滋味和气味 | 具有芦荟和牛奶特有的香味且味道适口 | 50 |

（2）理化指标检验：蛋白质按 GB/T 5009.5 检验，脂肪按 GB/T 5009.6 检验，总砷按 GB/T 5009.11 检验，铜按 GB/T 5009.13 检验，铅按 GB/T 5009.12 检验。

（3）微生物检验：菌落总数按 GB/T 4789.28 检验，大肠菌群按 GB/T 4789.3 检验，致病菌按 GB/T 16321 – 1996 检验。

## 五、实验结果

### 1. 芦荟牛奶复合饮料配方的确定

按芦荟牛奶复合保健饮料适宜配方的确定的步骤进行操作，对复合饮料的配方进行 $L_9(3^4)$ 正交试验，依据感官评价标准（表 3 – 6）对产品进行评分，试验结果填入表 3 – 7。

表 3 – 7　芦荟牛奶复合饮料配方正交试验表

| 试验号 | A 白砂糖 | B 芦荟汁 | C 柠檬酸 | D 鲜牛奶 | 评 分 |
|---|---|---|---|---|---|
| a | 1 | 1 | 1 | 1 | |
| b | 1 | 2 | 2 | 2 | |
| c | 1 | 3 | 3 | 3 | |
| d | 2 | 1 | 2 | 3 | |
| e | 2 | 2 | 3 | 1 | |
| f | 2 | 3 | 1 | 2 | |
| g | 3 | 1 | 3 | 2 | |
| h | 3 | 2 | 1 | 3 | |
| i | 3 | 3 | 2 | 1 | |
| $K_1$ | | | | | |
| $K_2$ | | | | | |
| $K_3$ | | | | | |
| 极差 R | | | | | |
| 主次顺序 | | | | | |
| 优水平 | | | | | |
| 优组合 | | | | | |

## 六、实验结论

各实验小组，依据实验的结果，给出影响产品质量各因素的主次顺序及芦荟牛奶最佳工艺的配方，并对整个实验过程存在的问题进行描述。

# 实验十一　奶油的制作

## 一、实验目的

1. 通过奶油的制作，掌握奶油的制作工艺及操作要点。
2. 掌握相关仪器、设备的操作和使用。

## 二、主要仪器、设备和原辅材料

### 1. 仪器、设备

奶油搅拌机、奶油发酵桶、杀菌锅、温度计等。

### 2. 原辅材料

稀奶油、奶油发酵剂、蔗糖、食盐、色素、香精等。

## 三、实验原理

乳经分离后所得到的稀奶油，经成熟、搅拌、压炼而制成的乳制品称为奶油。奶油的主要成分是牛乳的脂肪。全脂鲜奶含有 4% 的脂肪，将全脂鲜奶经离心搅拌器的搅拌，便可使奶油分离出来。奶油基本上分为动物奶油和植物奶油。动物奶油是由牛奶中脂肪分离获得的；而植物奶油是以大豆等植物油和水、盐、奶粉等加工而成的，主要成分是棕榈油和玉米糖浆，其色泽来自食用色素，其牛奶的风味来自人工香料。奶油比鲜牛奶的脂肪含量高出许多倍。奶油脂肪高，是一种高热量的食品，维生素 A 的含量也相对较多，但奶油的蛋白质、乳糖、矿物质、钙、磷等则相应较少。

## 四、实验方法

### 1. 杀菌

一般采用高温杀菌，85～90℃瞬间杀菌，杀菌的同时也钝化了解酯酶的活性。在实验室条件下，可采用水浴加热杀菌法，方法是将经过标准化处理的稀奶油加热至85～90℃保持数秒。

### 2. 发酵

成熟发酵剂菌种为丁二酮链球菌、乳脂链球菌和乳酸链球菌。当达到杀菌温度后，立即用冷水将稀奶油冷却至物理成熟温度，一般为19℃，添加3%的发酵剂，保持2h后降温到16℃，再保持3～4h，最后降温至8℃保持10～12h，以便使乳脂肪球充分结晶，完成物理成熟。

### 3. 搅拌

将成熟好的稀奶油经纱布滤入预先洗净并经蒸汽或热水消毒的奶油搅拌器中，加入稀奶油量为搅拌桶容积的1/3，最多不超过1/2，然后进行搅拌，直至出现稀奶油粒为止。利用机械的冲击力破坏脂肪球膜，使之形成脂肪团粒，一般需搅拌10～25min，最终奶油粒会漂浮在酪乳表面。搅拌温度应保持在8～10℃。

### 4. 洗涤

将酪乳放出，用经杀菌冷却的清水洗涤奶油(洗涤在搅拌器中进行)以除去残留的酪乳，提高奶油的保藏性，同时调整奶油的酸度。洗涤时注入杀菌冷却水，慢速转动搅拌机3～5圈，停止旋转，将水放出，必要时可进行2～3次洗涤。

### 5. 压炼、加盐、加色素

将奶油粒洗涤后进行压炼，通过加压压炼可以调节水分含量，使奶油粒形成细密一致的奶油大团。压炼完成后奶油含水量要控制在 16% 以下，水滴必须达到极微小的分数状态。为了防止奶油粘在奶油铲上，奶油铲使用前 1d 需将其浸泡于水中。可在压炼时加入盐和色素。

### 6. 包装、储藏

压炼后的奶油先用塑料袋初步包装，再选用防油、不透光、不透水的外包装材料进行包装。4～6℃冷藏期限一般不超过 7d；−25～−20℃的冷库中可冷藏 1 年以上。根据牛奶中的脂肪含量，生产 1kg 奶油一般需 2～3kg 稀奶油，同时有大量发酵酪乳被排出。

## 五、产品评价

奶油的感官评价主要从滋味及气味、组织状态和色泽三个方面进行评价。

### 1. 滋味及气味

正常的奶油应具有乳脂肪特有的香味或乳酸菌发酵的芳香味。但由于原料质量、加工工艺和储藏条件的不当，奶油会发生一些缺陷，容易出现鱼香味、脂肪氧化味、酸败味、干酪味、肥皂味和金属味。

### 2. 组织状态

正常奶油组织状态均匀细腻，无脂肪聚粒，稠度适中。如果压炼过度、不足，或者搅拌温度低等易造成组织松散或呈软膏状。

### 3. 色泽

正常奶油色泽为乳白色或乳黄色，有光泽；有缺陷的奶油易出现表面褪色、色淡、色暗而无光泽。

## 六、讨论题

1. 奶油制作的原理是什么？
2. 论述导致奶油缺陷产生的原因。

# 实验十二　乳制品工艺综合实验

## 一、实验目的

1. 熟练掌握乳制品的研发流程。
2. 能利用三峡库区特色食品资源开发一种新型乳制品。
3. 掌握相关仪器和设备的使用。
4. 培养学生综合运用所需知识的能力，独立分析和解决实际生产问题能力。

## 二、主要仪器、设备和原辅材料

### 1. 主要仪器、设备

食品工程中心设备、乳制品加工实验室设备等。

**2. 原辅材料**

一种或几种三峡库区特色食品资源，市售各种食品添加剂及香辛料等。

## 三、实验原理

利用前面所学各种乳制品的制作原理，研发一种新型乳制品。采用正交试验或者响应面法对该产品的工艺进行优化。

## 四、实验方法

1. 简述产品的生产工艺流程。
2. 简述产品操作要点。

## 五、产品质量评价

1. 感官评价。
2. 理化分析。
3. 微生物学指标分析。

## 六、结果与分析

1. 对实验结果进行描述。
2. 对实验结果进行分析和讨论。

## 七、综合实验设计要求

每3~5人一组，在查阅相关资料的基础上，完成设计方案说明书，经老师审批后，进行实验并写出综合实验报告。综合性实验的成绩由四个方面组成：设计方案说明书占20%，综合实验报告占40%，产品占30%，课堂表现占10%。

# 第四章　糖果加工工艺实验

## 实验一　硬糖的制作

### 一、实验目的

1. 掌握硬糖制作的基本工艺流程及操作要点。
2. 分析硬糖制备过程中可溶性固性物含量、pH 值及温度的变化情况，研究其烊化机理。

### 二、主要仪器、设备和原辅材料

**1. 主要仪器、设备**

电磁炉、溶糖锅、不锈钢勺、盘子等。

**2. 原辅材料**

白砂糖、麦芽糖、淀粉糖浆、花生、奶油、可可粉、咖啡、油等。

### 三、实验原理

硬糖是经高温熬煮而成的糖果。干固物含量很高，在 97% 以上。糖体坚硬而脆，故称为硬糖。硬糖属于无定形非晶体结构，比重为 1.4～1.5，还原糖含量范围 10%～18%。硬糖入口溶化慢，耐咀嚼，糖体有透明的、半透明的和不透明的，也有拉制成丝光状的。

在酸性条件下加热熬煮时，部分蔗糖分子水解而成为转化糖，连同加入的淀粉糖浆经浓缩后就构成了糖坯。糖坯是由蔗糖、转化糖、糊精和麦芽糖等混合而组成的非晶体结构。当把熬煮好的糖膏倒在冷却台后，随着温度降低，糖膏黏度增大，原来呈流体状的糖膏就成为具有可塑性的糖坯，最后成为固体。

## 四、实验方法

### （一）普通硬糖的制作

#### 1. 配方

白砂糖70g，麦芽糖25～30g，水17g。

#### 2. 工艺流程（图4-1）

称料 ⟶ 溶糖 ⟶ 加入麦芽糖，混匀 ⟶ 熬糖 ⟶ 倒模 ⟶ 冷却成型 ⟶ 产品

图4-1  硬糖制作的工艺流程

#### 3. 操作要点

（1）溶糖：将热水慢慢加入白砂糖粉中，不断搅拌使糖粉完全溶解。

（2）熬糖：继续加热，不断搅动，使糖液逐渐浓缩。

（3）倒模：糖液熬制到一定的程度，捞起成丝、入水成型、咀嚼脆裂即可开始倒模，并且动作要迅速。

（4）冷却：糖液在模具中自然冷却，最后固化成型。

### （二）咖啡奶糖的制作

#### 1. 配方

（1）基本组成和普通硬糖相同。

（2）奶油10g，奶粉4～5g，咖啡5～6g，可可粉4g，油2g。

#### 2. 工艺流程（图4-2）

称料（白砂糖等） ⟶ 溶糖 ⟶ 加入麦芽糖，混匀 ⟶ 熬糖 ⟶ 混匀 ⟶ 倒模 ⟶ 冷却 ⟶ 成型 ⟶ 产品

搅拌 ⟵ 加入咖啡 ⟵ 搅拌 ⟵ 加入奶粉 ⟵ 奶油融化

图4-2  咖啡奶糖制作的工艺流程

#### 3. 产品质量评价标准

糖体颜色通亮，甜味适中，触摸不黏手。

## 五、讨论题

1. 硬糖生产中，在熬糖阶段常采用连续真空熬糖设备，试分析其原因？

2. 淀粉糖浆添加量及不同熬制温度对硬糖感官和商品质量的影响有哪些？

## 实验二  枸杞凝胶糖果的制作

## 一、实验目的

1. 熟悉凝胶糖果的制作工艺。

2. 以枸杞为主要原料制作一种集保健、口感、风味于一体的新型极具营养价值的凝胶糖果。

## 二、主要仪器、设备和原辅材料

### 1. 主要仪器、设备

真空干燥箱、电子天平、阿贝折光仪、电磁炉、熬糖锅、板框过滤机等。

### 2. 原辅材料

枸杞、果胶酶、白砂糖、柠檬酸、果葡糖浆、琼脂、明胶、卡拉胶、果胶，均为食品级。

## 三、实验原理

凝胶糖果（以下称软糖）是以白砂糖、淀粉糖浆为主要原料，以琼脂、变性淀粉、明胶、果胶作为凝固剂，经熬制、成型等工艺制成的一种含水分较高、质地柔软的糖果。由于其水分均高于10%，有的可达20%以上，因此按软硬分类属于软糖。

凝胶糖果以可食用亲水胶体为凝胶剂，在水的分散介质作用下，食用亲水胶体形成一种均一的连续相，其他物质被吸附在食用亲水胶体的亲水基团周围，形成稳定的胶体溶液。当整个体系逐步达到凝胶条件时，整个胶质相互缠绕、交联，形成空间网格状结构，将糖类等其他物料包裹在其中，体系失去流动性形成半固态凝胶，经过浓缩脱水后形成具有柔嫩胶凝特性的糖果产品。

## 四、实验方法

### 1. 工艺流程（图4-3）

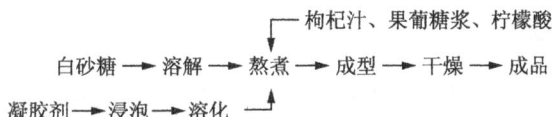

```
                      ┌─ 枸杞汁、果葡糖浆、柠檬酸
白砂糖 ─→ 溶解 ─→ 熬煮 ─→ 成型 ─→ 干燥 ─→ 成品
凝胶剂 ─→ 浸泡 ─→ 溶化 ──┘
```

图4-3　枸杞凝胶糖果制作的工艺流程

### 2. 操作要点

（1）枸杞汁的制备：取枸杞干果，挑选除去烂果、虫咬果、未成熟果和果粒表面的灰尘，称质量，分别以5倍、4倍、3倍的复水比例进行煮沸精提，每次保温30min，合并3次精提滤液，热处理后待温度为50~55℃时加入经活化的果胶酶进行酶处理，待果胶絮凝、澄清后取清液，灭酶后用板框过滤机过滤，收集枸杞提取液备用。枸杞浸提液的添加量约为15%~20%。

（2）凝胶剂的溶化：琼脂称量好后用20倍水浸泡，加热至85~90℃溶化，加入其他凝胶剂和白砂糖、柠檬酸，混合溶解。果胶质量分数为1.5%、明胶质量分数为0.8%。用15%白砂糖、25%果葡糖浆、0.8%柠檬酸调配，糖酸比适中，酸甜协调。

（3）熬糖：将白砂糖、凝胶剂和水搅拌溶解，加热后倒入果葡糖浆、枸杞汁一起熬煮。在熬糖过程中注意搅拌，防止熬糊。当温度在105℃左右，糖液干物质达到78%~80%时即可出锅。可用玻棒蘸取糖液观察溶液浓度，当糖液从玻棒流下呈细短糖条且不易滴落状，说明已经熬好。

（4）调和冷却：待糖液冷却至65℃左右时，调和均匀，倒入预先准备好的模具中，待切块后放入鼓风干燥箱45℃条件下干燥14h。

## 五、讨论题

1. 制作凝胶糖果常用的凝胶剂有哪些？
2. 干燥温度和干燥时间对产品质量有何影响？

# 实验三　焦香糖果的制作

## 一、实验目的

1. 熟悉焦香糖果的制作原理和基本过程。
2. 掌握焦香糖果制作的关键步骤。

## 二、主要仪器、设备和原辅材料

### 1. 主要仪器、设备
双联过滤器、熬糖机、硬糖成型机及模具、包装机等。
### 2. 原辅材料
白砂糖、淀粉糖浆、炼乳、油脂、食用香精、柠檬酸等。

## 三、实验原理

焦香型糖果是一类带有共同色香味特征的糖果。它是以白砂糖、淀粉糖浆为主要原料，添加了乳品、油脂、乳化剂等辅料，经熬煮、冷却成型而成的带有特殊焦香风味的糖果。焦香型糖果中，部分蔗糖在过饱和状态下产生许多微小结晶而返砂，完全改变了咀嚼时的口感，达到疏松而不黏牙的目的。

## 四、实验方法

### 1. 工艺流程
（1）胶质型焦香糖果（图4-4）

淀粉糖浆 ⟶ 溶糖 ⟶ 过滤 ⟶ 混合与乳化 ⟶ 熬煮（焦香化）⟶ 冷却 ⟶ 调和

⟶ 冷却 ⟶ 成型 ⟶ 挑选 ⟶ 包装

图4-4　胶质型焦香糖果制作的工艺流程

（2）砂质型焦香糖果（图4-5）

淀粉糖浆 → 溶糖 → 过滤 → 混合与乳化 → 熬煮（焦香化）→ 混合（砂质化）

→ 冷却 → 成型 → 挑选 → 包装

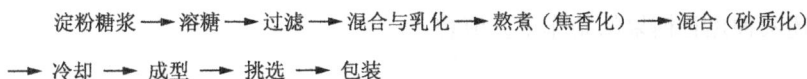

图4-5　砂质型焦香糖果制作的工艺流程

### 2. 配方

白砂糖 1kg，淀粉糖浆 0.6kg，炼乳 0.1kg，柠檬酸 120g，乳化剂（磷脂或单硬脂酸甘油）适量，食用香精 30mL。

### 3. 操作要点

(1)混合与乳化：乳化一般采用直接乳化法或间接乳化法。直接乳化法比较简单，即把甜味料、油脂、乳品等物质混合加热，在熬煮过程中，进行乳化或添加一定的乳化剂，并不停均匀地搅拌，直到油脂分散为极小的球体，均匀地分布到糖液中去。间接乳化法比较复杂，但效果较好。间接乳化法是通过高压均质机将油脂、乳制品与水按一定的比例分散和充分地混合。这种焦香糖的色、香、味、软硬度和保存性能等，都比直接乳化方法得到的产品质量要好。

(2)焦香化：糖果的焦香化主要是在熬煮过程中完成的，为达到糖果的最终含水量和焦香化的目标，一般焦香糖果采用常压熬煮方式，最好使用铜锅，物料酸度尽量调节到中性偏碱的程度，整个熬煮过程中物料应处于均衡的搅拌状态。但是，糖果的焦香化过程和焦香化程度取决于多种因素和条件，在不同因素和条件下往往形成不同类型、风味和品质的焦香糖果。

(3)砂质化：物料内的糖浆处于一种微小的结晶状态，糖果产生一定程度的返砂，从而改变了糖膏固体的组织结构。返砂方法一般有两种，即直接返砂法和间接返砂法。直接返砂法是先将一部分含砂糖比例高的物料熬煮成饱和状态的糖浆，搅拌并促使其中的砂糖形成晶核，随后全面返砂，同时将另一部分含砂糖比例低的物料也熬煮至规定浓度，加入第一部分起砂的物料，混合均匀。间接返砂法首先要制备方登糖基，可将各种配料熬煮到一定浓度后，加入 20%～30% 的方登糖基，经过均匀地混合后，糖膏逐渐起晶，达到所需的起晶程度为止，最终使产品产生细微的砂质质构。

### 4. 质量要求

焦香糖果的质量要求见表4-1。

表4-1　焦香糖果的质量要求

| 项目 | 胶质型 | 砂质型 |
| --- | --- | --- |
| 水分/(%) | 5.5～9.0 | 5.5～9.0 |
| 还原糖（以葡萄糖计）/(%) | ≥17.0 | ≥2.0 |
| 脂肪/(%) | ≥3.0 | ≥3.0 |
| 蛋白质/(%) | | |

## 五、讨论题

1. 焦香糖果的特性是什么？

2. 简述两种焦香糖果的制作工艺流程。

# 实验四　充气糖果的制作

## 一、实验目的

1. 熟悉充气糖果的制作工艺流程和操作要点。
2. 掌握充气糖果生产过程中相关设备的操作方法。
3. 掌握该类制品的相关知识内容，为从事相关工作打下坚实的理论和实践基础。

## 二、主要仪器、设备和原辅材料

### 1. 主要仪器、设备
双联过滤器、熬糖机、搅拌设备、包装机等。

### 2. 原辅材料
白砂糖、淀粉糖浆、炼乳、油脂、食用香精、明胶、起泡剂等。

## 三、实验原理

充气糖果是由一定数量的气泡或其所形成的泡沫体与液体（包括砂糖、淀粉糖浆或转化糖浆溶液）相结合而成的气泡糖体。气泡形成的泡沫体是一种胶体系统，它包含连续相和分散相，液体或分子状态的固体为连续相，细小的气泡为分散相。泡沫中的气泡大小不同，在几微米至数百微米之间变化，而气泡的多少，所产生的体积、浓度直接关系到泡沫的性质与效能，影响充气糖果的基本性质。为了保持糖组织的多气孔性而仍能形态坚实完整，充气糖果大多加入坚果及果仁等作为填充料，以增加糖的风味及营养价值，通过充气技术使产品的密度降低、体积增大、质构疏松，从而获得不同风味的制品。

## 四、实验方法

### 1. 工艺流程（图4-6）

配料 ⟶ 化糖 ⟶ 熬煮 ⟶ 充气 ⟶ 成形 ⟶ 包装

图4-6　充气糖果制作的工艺流程

### 2. 配方
白砂糖1.5kg，淀粉糖浆0.9kg，炼乳0.1kg，水0.6kg，明胶、起泡剂和食用香精适量。

### 3. 操作要点
（1）气泡形成：气泡是通过机械搅打，使空气与糖浆相结合而产生。气泡形成必须在气体与液体之间（即连续相与分散相之间）有一种表面活性剂存在的条件下方能形成。

这种表面活性剂在糖果加工中被称为充气剂、发泡剂或起泡剂。它是一种蛋白质，其分子上有极性和非极性的基团被吸附在界面上，当气泡产生时能在每个气泡周围造成一层薄膜把气体包住，从而形成稳定的气泡体。因此，气泡的形成与充气剂有密切关系，直接影响泡沫体的性质。

（2）气泡稳定：充气糖果的气泡稳定性是十分重要的问题。当气泡形成泡沫体后很不稳定，静置不久就会自然消沉，即使制成气泡基（弗拉贝）最多也只能放置几天。因此，需注意以下几个方面的问题：第一，气泡形成后必须提高温度使蛋白质变性凝固，把气泡固定在保护膜中间，才能稳定而持久不变；第二，适当添加一些增强凝胶作用和发泡性能的添加剂，如明胶；第三，在充气糖果中当砂糖溶液转变成结晶体微粒时，形成的固体为胶体系统第三相，这种晶体结构的固相可以支持泡沫体或气泡基中的气泡处于细分散状态，受热或超水分含量时不会导致破裂，有利于成为稳定的充气糖果体系。

**4. 质量要求**

充气糖果质量标准应符合 SB/T 10104 - 2017 的相关规定。

（1）感官要求：充气糖果感官质量要求见表 4 - 2。

表 4 - 2　感官指标

| 项目 | | | 要求 |
|---|---|---|---|
| 色泽 | | | 符合品种应有的色泽 |
| 形态 | | | 块形完整，大小均匀一致 |
| 组织 | 高度充气类 | 胶质型 | 糖体表明平滑，细腻，按压后可复原，无皱皮 |
| | | 砂质型 | 糖体有脆性，表面及剖面不粗糙，无皱皮 |
| | | 夹心型 | 糖体内有夹心，密闭的夹心型无馅心外漏 |
| | 中度充气类 | 胶质型 | 内部气泡均匀，软硬适中，有咀嚼性 |
| | | 砂质型 | 软硬适中，内部气孔均匀 |
| | | 混合型 | 糖体内果料等混合均匀 |
| | | 夹心型 | 糖体内有夹心，密闭的夹心型无馅心外漏 |
| | 低度充气类 | 胶质型 | 软硬适中，有弹性，内部气孔均匀，表面及剖面不粗糙 |
| | | 砂质型 | 软硬适中，内部气孔均匀，不糊口，有咀嚼性 |
| | | 混合型 | 糖体内果料等混合均匀 |
| | | 夹心型 | 糖体内有夹心，密闭的夹心型无馅心外漏 |
| 滋味、气味 | | | 符合品种应有的滋味和气味，无异味 |
| 杂质 | | | 无正常视力可见的杂质 |

（2）理化指标：充气糖果理化质量指标见表 4 - 3。

表4-3　理化指标

| 项目 | 高度充气类 | | | | 中度充气类 | | | | | 低度充气类 | | | | |
|---|---|---|---|---|---|---|---|---|---|---|---|---|---|---|
| | 胶质型 | 砂质型 | 夹心型 | 衣抛光型(包衣、包) | 胶质型 | 砂质型 | 混合型 | 夹心型 | 衣抛光型(包衣、包) | 胶质型 | 砂质型 | 混合型 | 夹心型 | 衣抛光型(包衣、包) |
| 干燥失重/(g·100g⁻¹) | ≥14.0 | ≥14.0 | ≥9.0 | ≤9.0 | ≤9.0 | ≤9.0 | 同主体糖果 | 同主体糖果 | 同主体糖果 | ≤9.0 | ≤9.0 | 同主体糖果 | 同主体糖果 | 同主体糖果 |
| 还原糖(以葡萄糖计)/(g·100g⁻¹) | ≥15.0 | ≥15.0 | 同主体糖果 | 同主体糖果 | ≥10.0 | ≥6.0 | 同主体糖果 | 同主体糖果 | 同主体糖果 | ≥10.0 | ≥8.0 | 同主体糖果 | 同主体糖果 | 同主体糖果 |
| 脂肪/(g·100g⁻¹) | — | — | — | — | ≥1.5 | ≥1.5 | ≥1.5 | ≥1.5 | ≥1.5 | ≥1.5 | ≥1.5 | ≥1.5 | ≥1.5 | ≥1.5 |

注：1. 夹心型充气糖果的还原糖、脂肪以外皮计。

　　2. 无糖充气糖果干燥失重应符合相应充气糖果类型的要求，无还原糖要求，其糖含量声称应符合 GB/T 28050 规定的要求。

（3）微生物指标：充气糖果微生物指标应符合 GB/T 17399 - 2016 的相关规定。

## 五、讨论题

1. 如何保证充气糖果在制作过程中气泡的稳定性？
2. 充气糖果在制作过程中需要注意什么？

# 实验五　代可可脂巧克力的制作

## 一、实验目的

1. 熟悉代可可脂巧克力的制作原理和基本过程。
2. 掌握代可可脂巧克力制作的关键步骤和注意事项。

## 二、主要仪器、设备和原辅材料

### 1. 主要仪器、设备

磨粉机、加热器(可调温保温)、模具、包装机等。

### 2. 原辅材料

白砂糖、可可脂、可可液块、全脂奶粉、卵磷脂、食盐、香料(香兰素)等。

## 三、实验原理

代可可脂巧克力是以白砂糖或甜味料、代可可脂为主要原料，添加一定可可制品、乳制品及食品添加剂制备而成的具有巧克力风味及性状的食品。

## 四、实验方法

### 1．工艺流程(图4-7)

配料称重、混合 ⟶ 精磨 ⟶ 精炼 ⟶ 调温 ⟶ 浇注 ⟶ 冷却 ⟶ 成型 ⟶ 挑选 ⟶ 包装

图4-7　代可可脂巧克力制作的工艺流程

### 2．配方

可可液块1.2kg,可可脂2.0kg,白砂糖5.5kg,全脂奶粉1.3kg,卵磷脂0.03kg,食盐0.006kg,香兰素0.01kg。

### 3．操作要点

(1)精磨:精磨的作用是把全体物料的颗粒变成口感不再感到粗糙的程度,细度就是以这一感官标准作为界限。感官经验和物理测试结果表明,磨得很细的巧克力物料,其平均细度不超过25μm,大部分质粒的粒径在15~20μm时效果尤其好。

(2)精炼:精炼过程对巧克力的品质起着相当重要的作用,但要达到巧克力的品质要求,精炼的时间必须相当长,一般需要24~72h,时间过短,不能取得明显效果。精炼过程要保持一定的温度,一般在60℃左右。

(3)调温:巧克力调温是控制巧克力物料在不同温度下相态的转变,从而达到调质的作用。巧克力的调温过程需要调节物料温度,使物料产生稳定的晶型,并使稳定的结晶达到一定的比例,从而使巧克力产生一种稳定的质构状态。第一阶段,物料从40℃冷却至29℃,温度的下降是逐渐进行的,使油脂产生晶核,并转变成共他晶型。第二阶段,物料从29℃继续冷却至27℃,使稳定晶型的晶核逐渐形成结晶,结晶的比例增大。第三阶段,物料从27℃再回升至29~30℃,27℃时物料内已经出现多种晶型状态,提高温度的作用是使熔点低于29℃的不稳定晶型重新熔化,而把稳定的晶型保留下来。

(4)浇注:浇注过程需满足以下条件,一是物料具有良好的黏度和流散性;二是在浇注过程中能保持物料应有的温度要求和物料分配的准确性;三是应具备使物料冷却、凝结、固化成形的低温区,并能满足温度变化的工艺要求。

(5)包装:巧克力制品常用的包装材料有铝箔、聚乙烯、聚丙烯等,也可采用金属与塑料复合的薄膜材料。包装室温度应控制在17~19℃,相对湿度不超过50%。

### 4．质量要求

代可可脂巧克力质量标准应符合GB/T 9678.2-2014的相关规定。

(1)感官要求:具有代可可脂巧克力制品相应的色、香、味及形态,无异味,无肉眼可见的杂质。

(2)理化指标:代可可脂巧克力的理化指标见表4-4。

表4-4　代可可脂巧克力理化指标

| 项目 | 指标 |
| --- | --- |
| 铅(Pb)/(mg·kg$^{-1}$) | ≤1 |

续　表

| 项目 | 指标 |
|---|---|
| 总砷(以 As 计)/(mg·kg⁻¹) | ≤0.5 |
| 铜(Cu)/(mg·kg⁻¹) | ≤15 |

(3)微生物指标：代可可脂巧克力的微生物指标见表 4 – 5。

表 4 – 5　代可可脂巧克力微生物指标

| 项目 | 指标 |
|---|---|
| 致病菌(沙门菌、志贺菌、金黄色葡萄球菌) | 不得检出 |

## 五、讨论题

1. 代可可脂巧克力制作过程中，精炼的作用是什么？
2. 代可可脂巧克力制作过程为什么要进行调温操作？
3. 代可可脂巧克力制作工艺流程及操作要点是什么？

# 实验六　糖果制品工艺综合实验

## 一、实验目的

1. 熟练掌握糖果类产品的研发流程。
2. 能利用三峡库区特色食品资源开发一种新型糖果类产品。
3. 掌握相关仪器和设备的使用。
4. 培养学生综合运用所需知识的能力，独立分析和解决实际生产问题能力。

## 二、主要仪器、设备和原辅材料

### 1. 主要仪器、设备
食品工程中心设备等。

### 2. 原辅材料
一种或几种三峡库区特色食品资源，市售各种食品添加剂及香辛料等。

## 三、实验原理

利用前面所学各种糖果制品的制作原理，研发一种新型糖果类产品。采用正交试验或者响应面法对该产品的工艺进行优化。

## 四、实验方法

1. 简述产品的生产工艺流程。

2. 简述产品操作要点。

## 五、产品质量评价

1. 感官评价。

2. 理化分析。

3. 微生物学指标分析。

## 六、结果与分析

1. 对实验结果进行描述。

2. 对实验结果进行分析和讨论。

## 七、综合实验设计要求

每3~5人一组，在查阅相关资料的基础上，完成设计方案说明书，经老师审批后，进行实验并写出综合实验报告。综合性实验的成绩由四个方面组成：设计方案说明书占20%，综合实验报告占40%，产品占30%，课堂表现占10%。

# 第五章　粮谷食品工艺实验

## 实验一　小麦粉面筋含量及特性测定

### 一、实验目的

小麦粉中蛋白质含量约为 12%，其中面筋占一半以上。面筋不溶于水，但是吸水能力很强，吸水后即膨胀，从而形成紧密坚固与橡胶相似的弹性物质。通常加工精度高的小麦粉，其面筋含量也较高，加工制成的馒头、面包，松软可口。小麦和小麦粉发生异常变化时，其面筋含量和性质均有变化。因此，测定小麦面筋的含量和性质是衡量其品质好坏的一项重要的指标。

### 二、主要仪器、试剂

天平(1/100)一台、小搪瓷碗一个、量筒(10mL 或 20mL)一个、100mL 烧杯一个、玻璃棒(或牛角匙)一根、脸盆一个、直径 1mm 的圆孔筛一个、表面皿一个、滤纸一盒、30cm 米尺一根。

### 三、实验方法(水洗法)

**1. 称样**

从样品中称取标准粉 20g。

**2. 和面**

将试样放入洁净的搪瓷碗中，加入相当于试样 1/2 的室温水(15～20℃)，用玻璃棒搅和，再用手和成面团，直至不粘手为止，然后放入盛有水的烧杯中，于常温水中静置 20min。

**3. 洗涤**

把面团放在手掌中，在加满水放有圆孔筛的脸盆中轻轻捏揉，以水洗除去面团中的淀粉、麸皮等物质。在揉洗过程中必须注意更换脸盆中的清水数次(换水时注意筛上是否有面筋散失)，反复揉洗至面筋挤出的水遇碘水无蓝色反应为止。

**4. 排水**

将洗净的面筋放在洁净的玻璃板上，用另一块玻璃板挤压面筋中的游离水，每压一次后取下并擦干玻璃板，反复挤压到稍感面筋粘板为止（约挤压 15 次）。

### 5. 称重

排水后取出面筋放在预先烘干称重的表面皿或滤纸上，称总重量。

## 四、计算

$$湿面筋（\%）=（W_2-W_1/W）\times100\%$$

式中：$W_1$——表面皿（或滤纸）重量（g）。

$W_2$——湿面筋和表面皿（或滤纸）总重量（g）。

$W$——试样重量（g）。

## 五、面筋颜色、气味、弹性和延伸性的鉴定

### 1. 面筋颜色、气味鉴定

湿面筋为淡灰色、深灰色，以淡灰色为好，煮熟的面筋为灰白色。品质正常的面筋略有小麦粉气味。

### 2. 面筋弹性、延伸性鉴定

湿面筋的弹性指面筋拉长或压缩后立即恢复其原有状态的能力。弹性分为强、中、弱三类。指压时不粘手，指压后恢复能力快，不留指印为强弹性面筋。指压时粘手，几乎无弹性的为弱弹性面筋。

湿面筋的延伸性指面筋被拉伸时所表现的延伸性能。通常以 4g 湿面筋，先在 25～30℃水中静置 15min，然后取出，搓成 5cm 的长条，用双手的拇、食、中三指拿住两端，左手放在米尺的零点处，右手沿米尺拉伸到断裂为止，记录拉断时的长度。长度在 15cm 以上为延伸性好，在 8～15cm 为延伸性中等，在 8cm 以下为延伸性差。需要注意的是面筋的延伸长度与静置时间长短有密切关系，静置时间长，延伸长度随之增加。

按照弹性和延伸性，面筋分为 3 等。

①上等面筋：弹性强，延伸性好或中等。

②中等面积：弹性强，延伸性差；或弹性中等而延伸性好。

③下等面筋：无弹性，拉伸时易断裂或不易黏聚。

### 3. 实验结果

将实验结果记录在表5-1中。

表5-1 小麦粉面筋含量及特性测定实验结果

| | 湿面筋 | | 物理性质 | | | 面筋品质 |
| --- | --- | --- | --- | --- | --- | --- |
| | 含量/(%) | 颜色 | 延伸性 | 气味 | 弹性 | |
| 普通粉 | | | | | | |
| 标准粉 | | | | | | |
| 特制粉 | | | | | | |

# 实验二 保鲜湿米粉的制作

## 一、实验目的

1. 掌握米粉的加工操作要领。
2. 了解影响米粉质量的各种因素。

## 二、主要仪器、设备和原辅材料

### 1. 主要仪器、设备

斗式提升机、碾米机、洗米机、粉碎机、混合机、榨粉机、水煮设备、水洗设备、酸浸设备、旋转包装机、金属检测仪、重量计、杀菌冷却系统、包装机等。

### 2. 原辅材料

大米粉末 80～90g/100g（产自三峡库区优质大米加工而成），变性淀粉 10～15g/100g，食盐 0.5～1g/100g，魔芋精粉 3～5g/100g，大豆色拉油 0.5～2g/100g，复合磷酸盐 0.1～0.4g/100g，甘氨酸 0.2～0.5g/100g，丙二醇 2～3g/100g，蒸馏单甘酯 0.3～0.5g/100g。

## 三、实验原理

米粉又名米粉条、米线、米面或米粉丝，是一种具有悠久历史的传统食品。米粉质地柔软、滑爽可口、有咬劲，既可作为主食，又可作为小吃。米粉条的生产与面条不同，大米中的蛋白质不能像面粉一样形成面筋网络，只有依靠大米淀粉糊化后回生来产生抗拉强度。对大米粉末进行必要的处理、添加变性淀粉等措施，可以使大米淀粉糊化后的凝胶化得以很好地完成，从而制得较为理想的保鲜湿米粉。

## 四、实验方法

### 1. 工艺流程（图5-1）

大米 → 精碾 → 清洗 → 润米 → 粉碎、过筛 → 大米粉末 → 加入水、其他辅料 → 混合 → 挤压成型 → 时效处理 → 定量切割 → 水煮 → 水洗 → 酸浸 → 低真空包装 → 杀菌 → 保温 → 检验 → 加汤料 → 外包装 → 成品

图5-1 保鲜湿米粉制作的工艺流程

### 2. 操作要点

（1）大米的选择：满足 GB/T 1354-2018 一级质量标准的米。用小型粉米机再碾去投料量的 2%～4% 的米较为理想，不得含有黄变、霉变米。大米陈化期为 6～12 个月，这时的大米结构层次、营养成分等都基本固化，尤其是淀粉结构稳定，蒸煮糊化时，淀粉有较好的碾胶特性。

（2）清洗：在洗米机中清洗大米，通过机底的高压射流装置对大米进行循环冲洗，

漂浮在水面上的泡沫、糠皮、糠麸等杂质通过隔板，经逆流管排出。清洗时间应视水的清澈程度而定，一般为 10～20min。

（3）润米：润米的目的是使米粒外层吸收的水分继续向中心渗透，使米粒结构疏松，里外水分均匀，水分含量控制在 26%～28% 为宜。

（4）粉碎、过筛：用锤式粉碎机对大米进行粉碎，粉碎后的大米粉末过 60 目筛即可。

（5）混合：大米经粉碎后，其水分含量较低，不适合于榨粉机工作，此时需要补充水分，其他辅料也应在此时加入。要求各种物料混合均匀，达到"一捏即拢、一碰即散"的手感，此时的水分含量为 30%～32%。混合好的物料最好静置 0.5h 左右，以便水分均匀。

（6）挤压成型：在榨条前，对大米粉末进行高温、高压的适度挤压处理是制作保湿米粉产品是否成功的关键。将挤压后的物料入榨条机中，挤出米粉条，米粉条以粗细均匀、表面光亮平滑、有弹性、无夹白、气泡少为佳。挤压处理的程度要严格控制，过度则造成水煮时损失大；过小则熟度小，易使米粉回生。

（7）时效处理：榨条出来的米粉条，表面黏液较多，会互相粘连，必须送密闭房静置保潮，进行时效处理。时效处理的要求是米粉条不黏手、可搓散、柔韧且有适度弹性，时间为 12～24h。

（8）水煮：水煮是为了使米粉条进一步 α 化，要严格控制水温和时间，避免糊化过度。水煮时应在水中适当添加食盐和消泡剂。水煮温度为 98℃，时间为 1～2min。

（9）水洗：用 0～10℃ 的冷水对米粉条进行淋洗，使其温度骤降至 24～26℃。米粉条遇冷收敛，更具凝胶特性；同时洗去米粉条表面的淀粉，使表面更油润光滑，不黏条。水洗时间为 1.5～2.5min。

（10）酸浸：酸浸是为了降低米粉条的 pH 值，将成品的 pH 值控制在 4.2～4.3。米粉条经挤压榨条，粉丝体紧密结实，不易吸酸，酸浸时间应相对延长。具体条件：酸的质量分数为 1.5%～2.0%，温度为 25～30℃，pH 值为 3.8～4.0，酸浸时间为 1.5～2.5min。

（11）滤水：水洗和酸浸后的米粉条水分较高，必须滤去表面过多的游离水分，否则杀菌时米粉条会因为过度吸水而膨胀，变得烂糊。一般滤水时间为 8～10 min，成品最终水分含量为 65%～68%。

（12）低真空包装：对米粉条进行第一次包装时滴入 3～4 滴色拉油，以防止米粉条结团、黏条。包装材料选用透气性差、耐热、拉伸性和抗延伸性强的 LDPE 或 CPP 材料，采用低真空包装。

（13）质量、金属检测：剔除保湿米粉中不符合标准和含金属的湿米粉。

（14）蒸汽杀菌：在 93～95℃ 蒸汽中杀菌 40 min，使袋中心温度达到 92℃，并保持 10min。

（15）保温、包装：湿米粉条袋冷却后，在（37±1）℃ 保温 7 天，剔除膨胀袋、漏袋。抽样检验其微生物指标，对合格产品配以调味料，装碗或入袋，包装好即为成品。

## 五、成品品质评价

保鲜湿米粉的品质标准包括：产品水分65%~68%，pH值4.2~4.3，保质期6个月，复水时间2min；细菌总数<100个/g，大肠菌群<3个/g，致病菌不得检出。

该产品的特点是具有新鲜米粉条的风味和口感，保质期长，食用方便，吃法多且风味各异，可凉拌、汤食、炒食，也可用微波炉加热后拌汤料直接食用。汤食复水时间短，仅为2min。

该产品水分含量高达65%~68%，在生产过程中不需干燥脱水，可以节省能源，降低成本，经济效益好。但因其生产工序较长，一定要防止人为和环境对产品造成的污染。

## 六、结果分析与讨论

1. 米粉的生产原理是什么？
2. 米粉和米线的关系是什么？

## 实验三　面条的制作

## 一、实验目的

1. 掌握面条的加工工艺流程和操作要点。
2. 了解影响面条质量的各种因素及控制措施。

## 二、主要仪器、设备和原辅材料

### 1. 主要仪器、设备
压面机、烘箱（制干面用）等。
### 2. 原辅材料
面粉、鸡蛋、食盐等。

## 三、实验原理

先将各种原辅料充分搅拌、糅合，静置熟化后将成熟面团通过压面机进行多次压延然后再用切割狭槽进行切条成型，即为成品湿面条。湿面条通过烘干、冷却，最终形成干面条。

## 四、实验方法

### 1. 工艺流程（图5-2）

面粉+水（室温20~30℃）+盐 —→ 和面（10min）—→ 熟化（20min）—→ 压片

—→ 切条成型（宽厚1mm）—→ 干燥（40℃）—→ 成品面条

图5-2　面条制作的工艺流程

**2. 操作要点**

（1）和面：将少量水和鸡蛋加入面粉中，揉成光滑且有一定弹性的面团。

（2）压片：将静置好的面团分成小团，经6～7次压延，2～3次折叠。

（3）切条：在轧好的面条上洒上少量干粉，进行切条，将成品平铺在托盘上。

（4）烘干：在40℃烘箱中烘制1h，冷却后得实验成品。

## 五、品质评定

**1. 品尝评价**

将品尝结果记录在表5-2中。

表5-2　面条的品尝评价

| 指标 | 色泽 | 表观状态 | 适口性 | 黏弹性 | 光滑性 | 食味 |
|------|------|----------|--------|--------|--------|------|
| 结果 |      |          |        |        |        |      |

**2. 烹调性测试**

将烹调性测试结果记录在表5-3中。

表5-3　烹调性测试结果

| 指标 | 最佳烹调时间/(h) | 熟断条率/(%) | 挂断率/(%) |
|------|------------------|--------------|------------|
| 数值 |                  |              |            |

## 六、结果分析与讨论

1. 影响面条质量的因素有哪些？

2. 面条制作的原理是什么？

# 实验四　馒头的制作

## 一、实验目的

1. 熟悉馒头制作的基本工艺流程。

2. 掌握馒头制作过程中需要注意的事项。

## 二、主要仪器、设备和原辅材料

**1. 主要仪器、设备**

蒸煮锅、馒头发酵器等。

**2. 原辅材料**

面粉、白砂糖、酵母、食用碱、馒头改良剂、水等。

## 三、实验原理

馒头是一种把面粉加酵母(俗称老面)、水或食用碱等混合均匀,通过揉制、醒发后蒸熟而成的食品。馒头成品外形为半球形或长方形,味道松软可口,营养丰富,是大众最喜爱的面食之一。制作馒头所需的原料为面粉、发酵粉、糖、水、碱、青红丝。面粉经发酵制成的馒头更容易消化吸收。

## 四、实验方法

### 1. 工艺流程(图5-3)

原料 → 和面 → 发酵 → 揉制 → 成型 → 醒发 → 汽蒸 → 冷却 → 成品

图5-3　馒头制作的工艺流程

### 2. 配方

中筋面粉5kg,酵母0.05kg,馒头改良剂0.015kg,水2.2~2.5kg,白砂糖0.5kg。

### 3. 操作要点

(1)和面:将所需原料混合均匀,用30℃的温水和面,和成的面团表面光滑,不粘手,有弹性。和面初期,絮状的面团比较松散并且粗糙,此时可用手掌根去揉面团,稍用力。待成型后,继续使用手掌根揉面,揉的方向是用手掌后方的力把面团往前带出去,这样反复的揉制是为了让面团更有弹性,直至面团变得细腻而柔软。

(2)发酵:发酵可在专门的密封容器中进行,发酵温度为30℃左右,相对湿度为75%左右,发酵时间约3h。发酵完成后,面团体积增长约1倍,内部蜂窝组织均匀,有明显酸味。需要注意的是发酵温度的高低和发酵快慢息息相关,温度高则发酵快,反之则慢,但温度不宜过高。

(3)揉制:重新揉制发酵后面团的主要目的是为了排气,提高面团的感观。可适当加入少许食用碱,中和面团中的酸性物质,但一定要注意用量。加碱不足,产品有酸味;加碱过量,产品发黄,表面开裂,碱味重。

(4)成型:用馒头机或小刀对面团定量和分割,完成后再用手稍加搓圆,直至馒头表面光滑,无气泡。

(5)醒发:采用自然醒发,温度为40℃,相对湿度为80%左右,醒发15min即可,冬天可延长至30min。

(6)汽蒸:将成型的馒头按次序摆在蒸屉里,要留一定的间隔,待水沸后,放入蒸屉开始蒸制。蒸的时间根据馒头的大小而定,一般需要蒸1h。

## 五、质量要求

馒头的质量标准应符合GB/T 17320-2013的相关规定。

### 1. 感官要求

色泽均匀一致,呈乳白色,无霉变色点,具有馒头特有的小麦经发酵的香气和滋味，有筋度，不粘牙。同时应具有馒头传统的外形，柔和有弹性，有层次，内部无蜂窝气孔和拉丝现象。

### 2. 理化指标

馒头的理化指标见表5-4。

表5-4 馒头的理化指标

| 项目 | 指标 | |
|---|---|---|
| | 硬面馒头 | 软面馒头 |
| 水分/（%） | ≤36 | 36～42 |
| 酸度/（°T） | ≤7.0 | |
| 砷（以 As 计）/（mg·kg⁻¹） | ≤0.5 | |
| 铅（以 Pb 计）/（mg·kg⁻¹） | ≤1.0 | |
| 食品添加剂/（g·kg⁻¹） | ≤0.06 | |
| 甲醛合欢次硫酸氢钠（吊白块） | 不得检出 | |

（3）微生物指标

馒头的理化指标见表5-5。

表5-5 馒头的微生物指标

| 项目 | 指标 | |
|---|---|---|
| | 出厂 | 销售 |
| 群落总数/（cfu·g⁻¹） | ≤1000 | ≤3000 |
| 大肠群群/（MPN·100kg⁻¹） | ≤30 | |
| 致病菌 | 沙门菌 | 不得检出 |
| | 志贺菌 | |
| | 金黄色葡萄球菌 | |
| | 溶血性链球菌 | |
| 霉菌/（cfu·g⁻¹） | ≤50 | |

## 六、讨论题

1. 馒头生产过程中加入酵母的作用是什么？
2. 馒头发酵后为什么会产生酸味？

## 实验五  方便面的制作

## 一、实验目的

使学生了解并掌握方便面生产的工艺流程和操作要点。

## 二、主要仪器、设备和原辅材料

### 1. 主要仪器、设备

和面机、搅拌机、压面机(5 道辊或 7 道辊)、切面机、波浪形成型导箱、蒸面机、油炸锅等。

### 2. 原辅材料

面粉，精制盐，碱水(无水碳酸钾 30%、无水碳酸钠 57%、无水正磷酸钠 7%、无水焦磷酸纳 4%、次磷酸钠 2%)，增粘剂(瓜尔豆胶、CMC)，棕榈油等。

## 三、实验原理

方便面是为了适应快节奏的现代生活出现的食品，又称"速煮面""即席面"。方便面最早由日本日清食品公司于 1958 年推向市场，由于用沸水浸泡几分钟后即可食用，也可干食，当即受到消费者的欢迎。其实验原理是：先将各种原辅料放入和面机内充分揉和均匀，静置熟化后将散碎的面团通过两个大直径的滚筒压成约 1cm 厚的面片，再经轧薄辊连续压延面片 6～8 道，使之达到所要求的厚度(1～2mm)，之后通过切割狭槽进行切条成型，切条后经过特制的波纹成型机形成连续的波纹面，然后在蒸汽压力 1.5～2kg/cm² 的条件下蒸煮 60～90s，使淀粉糊化度达 80% 左右，再经定量切块后用热风或油炸方式使其迅速脱水干燥加深其糊化程度，保持糊化淀粉的稳定性，防止糊化淀粉重新老化，最后经冷却包装后即为成品。

## 四、实验方法

### 1. 参考配方

小麦粉 5kg，精制盐 0.07kg，碱水(换算成固体) 0.007kg，增粘剂 0.01kg，水 0.05kg。

### 2. 工艺流程(图 5-4)

小麦面粉、水、盐、碱、增粘剂 ⟶ 和面 ⟶ 熟化 ⟶ 复合 ⟶ 压延 ⟶ 切条折花

⟶ 蒸面 ⟶ 切断成型 ⟶ 油炸干燥 ⟶ 冷却、汤料 ⟶ 包装

图 5-4　方便面制作的工艺流程

### 3. 操作要点

(1)和面：配料加水搅拌 15min，加水温度一般为 20℃ 左右，搅拌浆线速度为 23～30r/s。

(2)熟化：送熟化机内进行，时间为 15～20min，搅拌浆线速度为 0.6r/s。

(3)压片：5～7 道辊压，最大压薄率不超过 40%，最后压薄率为 9%～10%。

(4)蒸面：蒸面的温度和时间必须严格掌握。蒸面压力控制为 1.8～2.0kg/cm² 时，蒸面时间以 60～95s 为宜，温度必须在 70℃ 以上。

(5)油炸干燥：将蒸熟的面块放入 140～150℃ 的棕榈油中油炸，时间约 60～70s。

## 五、产品质量标准

### 1. 感官质量

色泽正常，均匀一致，气味正常，无霉味及其他异味；煮（泡）3～5min 后不夹生，不牙碜，无明显断条现象，无虫害，无污染。

### 2. 理化指标

水分在 10.0% 以下，酸值为 1.8，$\alpha$ 度为 85%，复水时间为 3min，盐分为 2%，含油量为 20%～22%，过氧化值 < 0.25%。

## 六、讨论题

1. 详述油炸方便面的工艺流程并说明影响各操作单元的因素。
2. 油炸方便面与非油炸方便面的区别是什么？

# 实验六　方便米饭的制作

## 一、实验目的

1. 了解方便米饭的制作原理。
2. 掌握方便米饭的加工工艺。

## 二、主要仪器、设备和原辅材料

### 1. 主要仪器、设备

真空干燥机、封口机、高压蒸汽灭菌锅、蒸煮锅、不锈钢勺等。

### 2. 原辅材料

精白米、调味料等。

## 三、实验原理

方便米饭是在现代科学技术发展的基础上，为了适应家庭主食社会化需要应运而生的一种新型食品。方便米饭便于较长时间的保存，可以在常温下进行商品流通，并能保存米饭的原有风味。

米饭中淀粉占 80% 以上。生淀粉又叫 $\beta$ 淀粉，在一定的温度和水分条件下，生淀粉熟化变成熟淀粉。熟淀粉又称 $\alpha$ 淀粉，熟化的过程称为 $\alpha$ 化。熟淀粉在温度降低时会回生，形成回生淀粉，从而影响食用。实验的原理是要使淀粉充分熟化，又要防止淀粉回生，影响淀粉回生的因素很多，其中淀粉的种类影响最大，直链淀粉比支链淀粉容易回生，添加油、糖和添加剂等都可以防止回生。

## 四、实验方法

### 1. 工艺流程(图 5 - 5)

原料预处理 ⟶ 预煮 ⟶ 冲洗 ⟶ 蒸煮 ⟶ 调味 ⟶ 预封 ⟶ 杀菌 ⟶ 冷却

图 5 - 5　方便米饭制作的工艺流程

### 2. 操作要点

(1)原料预处理:选用优质精白米为原料,筛选除去杂质,并用清水洗去米粒表面的糠粉,经浸泡使米粒中的淀粉吸水膨胀,浸泡 2h,水温以 20~25℃ 最为理想,最高不超过 45℃。米粒含水量达 20%~30% 时,将白米滤水,投入温度为 90~100℃ 热水中煮 2~10min,使米粒含水量增加到 55%~60%,此时米粒表面迅速 α 化。再将其从热水中捞出,充分滤水,然后蒸 5~20min,常压下蒸汽温度为 90~100℃,使米粒表面 α 化达 60%~70%,并除去使米粒发黏的米汤。最后用水温为 10~25℃ 的水,冲洗米粒 1.5~3min,然后滤水。

(2)装料预封:将上述米粒填充到合成树脂薄膜袋、合成树脂盒、复合塑料薄膜袋或金属罐内,米粒填充率为 90%。密封时尽量将袋内的空气排净,在常温下放置 1h。

(3)排气:排气的方法有三种,热水排气法、真空罐排气法和喷蒸汽封罐法。

(4)灭菌:在 115℃ 下加热灭菌 10~15min。

(5)冷却:迅速用水冷却到常温。

(6)储藏:在冰箱内可储存 12 个月,食用时加温 10min 即可食用。

(7)加调味料:以上的方便米饭如果与一些经过预处理的调味品和营养配料一道装入包装袋,就可以获得多种种类的方便米饭,如火腿饭、香肠饭、鸡蛋饭、八宝饭等。

### 3. 方便米饭的质量标准与常规检验

米饭颗粒松散,外观新鲜,无杂质、污迹、黄斑,不黏糊;有大米天然本色,无酸味、霉味、馊味及其他异味;口感无牙碜,不夹生;铅、砷的含量低于一般食品;包装严密,不渗透;标明生产日期、保质期及食用方法等内容。

## 五、讨论题

1. 方便米饭制作常易出现两个问题:一是蒸煮袋的密封不严;二是出现黏袋问题。这两个问题应如何解决?

2. 调味料及营养强化料的调配方式有哪些?

## 实验七　米糕的制作

## 一、实验目的

1. 掌握米糕的种类和制作特点。

2. 掌握水磨年糕的制作方法。

## 二、主要仪器、设备和原辅材料

### 1. 主要仪器、设备

磨浆机、挤压机、蒸煮锅、压滤机、气流干燥器、打粉机、蒸粉机、年糕机、切片机等。

### 2. 原辅材料

糯米等。

## 三、实验原理

用传统工艺生产的水磨年糕是浙江宁波的一种特产，故又称宁波年糕。原料选用当年产特二精度的优质粳米，其具有良好的黏弹性和胶稠度。

粳米浸泡、磨浆、压滤的原理与生产水磨糯米粉相似。压滤后经过破碎、蒸煮，使粳米淀粉粒产生不可逆的膨润和分裂，导致淀粉糊化，黏度增加。熟粉趁热在年糕机里混炼、挤压、压延，进一步增强胚体的黏稠性，使组织结构均匀、密实、光滑，冷却后硬化即为年糕。

## 四、实验方法

### 1. 工艺流程（图5-6）

粳米 ⟶ 浸泡 ⟶ 磨浆 ⟶ 压滤 ⟶ 打粉 ⟶ 蒸煮 ⟶ 压延成型 ⟶ 切断 ⟶ 冷却 ⟶ 水磨年糕

图5-6　年糕制作的工艺流程

### 2. 操作要点

（1）浸泡、磨浆、压滤：与生产水磨糯米粉的加水磨浆法相关工序相同。压滤后米粉水分含量要求在30%左右。直观感觉是用手掰开米粉块，断裂干脆，不连续。米粉块水分含量的多少直接影响年糕的质量。水分过高，制成的年糕水分超标（年糕的水分要求在42%~46%），外观不光滑，年糕不清爽，粘牙，煮后易糊。

（2）打粉：米粉块用打粉机破碎，破碎后的米粉要求不含粉块。因为粉块不易蒸熟，制成的年糕有夹生现象。

（3）蒸煮：利用蒸汽锅对米粉进行蒸煮，压力为2962~3942Pa，要求熟透，不夹生。

（4）压延成型：把刚蒸煮熟的米粉用年糕机进行压延成型，成型后年糕要求外观光滑，宽度为3~4cm，厚度为1.5~2cm。

（5）切断：用切断机将成型的年糕切断，要求每段长度为18~20cm。

（6）冷却：刚制成的糕体温度和水分较高，较易变形，需冷却硬化，一般冷却6h。年糕经过冷却后符合质量标准，即可装盒或袋储存，或散装出厂。

### 3. 制品的特点和用途

水磨年糕色如白玉，观之晶莹剔透，光滑结实无气孔，煮后不糊，食之爽滑不粘牙，炒煎烧烘皆宜，咸甜清辣俱佳，即可做主食，又可做菜肴。

### 4. 糯米年糕

用新糯米，按照水磨年糕生产工艺水洗、浸泡 12h，水磨、压滤至水分含量约 30%，蒸煮压延整形后放入冷库使之硬化，切块成年糕，一般包装或真空包装。包装后用沸水做短时间杀菌，即制成方块年糕。

糯米粉配入适量的蔗糖或红糖，或松子、核桃仁等果料，与滤干后的粗粉混合均匀后蒸煮，挤压成型，即为糖年糕或者果仁糖年糕。

## 五、讨论题

1. 各地特色年糕有哪些不同？
2. 制作年糕对原料有什么特殊的要求？

# 实验八　速冻汤圆的制作

## 一、实验目的

1. 掌握食品速冻的原理。
2. 掌握速冻汤圆的制作过程。

## 二、主要仪器、设备和原辅材料

### 1. 主要仪器、设备

粉碎机、电热鼓风干燥机、磨浆机、验粉筛、速冻冰箱等。

### 2. 原辅材料

糯米粉、大油、芝麻、蔗糖、花生仁、核桃仁等。

## 三、实验原理

汤圆制作完成后，将成型合格的产品放入周转盘中进行速冻，在 -30℃ 以下速冻 30～50min，使汤圆中心温度达到 -18℃ 以下，可最大限度地保留汤圆的质构和口感，同时延长产品的保质期。

## 三、实验方法

### 1. 配方

糯米粉 500g，大油 200g，芝麻 150g，蔗糖 200g，花生仁、核桃仁各 25g。

### 2. 操作要点

（1）原料预处理：芝麻、花生仁、核桃仁烧熟后研成粉末备用。

（2）制糯米团：先用 50g 米粉加 250mL 水熬成熟米糊，将剩余 450g 米粉倒在案板上摊开，掺入熟米糊和好，揉成面团用湿布包好。

（3）制馅：将大油、蔗糖和碾碎的芝麻、花生、核桃等放在一起揉搓，使混合均匀，即成芝麻猪油馅。

（4）包馅：将糯米团分成10g左右的面剂，再捏成碗状，包入3g馅料收口搓圆，即为汤圆。

（5）速冻：在－35℃下速冻30～50min，检查速冻质量后包装。

（6）品质评价：待水烧开后将汤圆下入锅中，5min后用笊篱捞出，观察汤的浑浊程度。

## 五、讨论题

1. 影响汤圆速冻的主要因素有哪些？
2. 生产中如何防止速冻汤圆的开裂？

# 实验九　速冻水饺的制作

## 一、实验目的

1. 掌握速冻水饺的生产工艺。
2. 掌握速冻水饺的制作原理及产品质量控制的关键点。

## 二、主要仪器、设备和原辅材料

### 1. 主要仪器、设备

量筒、烧杯、不锈钢盆、锅、液化气灶、干燥箱、电子秤、擀面杖、微波炉、滤纸、绞肉机、饺子成型机、冰柜、封口机、玻璃棒等。

### 2. 原辅材料

面粉、食盐、平菇、鲜猪肉、味精、花椒、植物油、大葱、姜、鸡汤等。

## 三、实验原理

水饺是中国的传统食品，起源于民间，早期仅限于家庭制作，后来发展到街头摊点和饭店等。近年来，随着人们生活节奏的加快和速冻技术的飞速发展，水饺已作为一种速冻食品进入社会化大生产阶段。食品速冻就是食品在短时间(通常在3 min以内)迅速通过最大冰晶生成带的过程。速冻食品中，如所形成的冰晶体较小而几乎全部散布在细胞内则细胞破裂率低，从而具有较高品质。因此，水饺只有经过速冻才能成为质量好的速冻产品。水饺馅心和面皮均含有一定量的水分，如果冻结速率过慢，表面水分会凝结成大块冰晶，逐步向内冻结，内部在形成冰晶的过程中会产生张力而使表面开裂，而速冻可以使饺子内外同时降温，形成均匀细小的冰晶从而保证产品质地的均一性，即使是长期储存，其口感仍然料香味美。目前我国速冻产品多采用鼓风冻结、接触式冻结、液氮喷淋冻结等。

## 四、实验方法

**1. 配料(每组可自行设置配方,进行感官评价)**

(1)主料:优质面粉、碎平菇、鲜猪肉。

(2)辅料:食盐、味精、花椒、植物油、大葱、姜、鸡汤等。

**2. 工艺流程(图5-7)**

面粉 ⟶ 加水和面 ⟶ 醒面 ⟶ 擀皮 ⟶ 加入馅料 ⟶ 包饺子 ⟶ 装盘 ⟶ 速冻 ⟶ 包装 ⟶ 储藏

图5-7　速冻水饺制作的工艺流程

**3. 操作要点**

(1)原料处理:将加工废弃的碎苹果或次平菇清洗干净,用开水烫一下,切碎丁,猪肉切条后用绞肉机绞碎。

(2)调制面团:面粉加入温水搅拌,揉搓后静置醒面。

(3)制作馅心:将切丁后的平菇与猪肉加植物油搅拌,之后加入葱、姜、味精、花椒、酱油、鸡汤等拌匀备用。

(4)下剂制皮:将醒好的面团搓成细条,切成每个50g左右的剂子,擀成中间稍厚的圆皮。

(5)饺子成型:可采用手工成型或机械成型两种方式,结合实验室条件选择合适的成型方式。

(6)装盘速冻:把成型后的饺子放入速冻盘摆好,再放入冰柜,在-35℃左右速冻30min即为成品。

(7)称重装袋:把速冻好的饺子按每袋40个的数量进行称重,称重之后进行装袋。

(8)封口储藏:装完袋的饺子,用塑料袋封口机进行封口,之后放入-20℃的冰柜储藏。

(9)成品质量规格:经过速冻后的饺子,色泽洁白,大小均匀,无碎屑。

## 五、实验结果

产品储藏两周后进行感官评价,对产品质量进行分析,并找出存在的问题。

## 六、讨论题

1. 造成速冻水饺开裂的因素是什么?

2. 在生产中如何控制速冻水饺的质量?

3. 如何对速冻水饺进行感官评价?

# 实验十　内酯豆腐的制作

## 一、实验目的

1. 通过实验了解豆制品的制作原理,掌握内酯豆腐的制作原理及方法。

2. 熟悉相关仪器、设备的操作和使用。

## 二、主要仪器、设备和原辅材料

### 1. 主要仪器、设备

砂轮磨、不锈钢锅、成型塑料盒、勺子、滤布(100目)、电磁炉、量筒、烧杯、保鲜膜、烘箱、不锈钢盆、电子天平、台秤等。

### 2. 原辅材料

大豆、δ-葡萄糖酸内酯等。

## 三、实验原理

大豆含有丰富的营养成分,蛋白质含量为40%左右,脂肪为18%,碳水化合物为25%,B族维生素及多种矿质元素含量为4.4%~5%,此外还含有少量酶类,利用蛋白质的胶凝性能可制作成豆腐、豆皮。内酯豆腐的制作除了利用蛋白质的胶凝性能外,还利用了δ-葡萄糖酸内酯的水解特性。δ-葡萄糖酸内酯水解后生成的葡萄糖酸使pH值下降,达到蛋白质的等电点时使蛋白质胶凝。内酯豆腐的生产过程中,煮浆使蛋白质形成前凝胶可为蛋白质的胶凝创造条件,加入的δ-葡萄糖酸内酯在较高的温度下经水解为葡萄糖酸,可使蛋白质凝胶形成。

## 四、实验方法

### 1. 工艺流程(图5-8)

δ-葡萄糖酸内酯

原料 → 大豆 → 清选 → 浸泡 → 冲洗 → 磨浆 → 滤浆 → 煮浆 → 滤浆 → 灌装 →

封口 → 保温 → 冷却 → 成品

图5-8 内酯豆腐制作的工艺流程

### 2. 操作要点

(1)原料选择:应选用新鲜、无霉变、颗粒饱满、杂质少的大豆原料。

(2)浸泡:浸泡大豆用水量为大豆体积的2.0~2.2倍,时间为3~4h,水温控制在15~20℃。以经浸泡后将大豆扭成两瓣,豆瓣内表面基本呈平面,略有塌坑,手指掐之易断,断面已浸透无硬心为宜。

(3)磨浆、滤浆:加大豆重量5倍左右的水进行磨浆,加水要均匀。豆糊的细度应控制在100~110目为宜。磨浆结束用100目的滤布过滤,然后用勺子除去泡沫,备用。

(4)煮浆、滤浆:磨好的浆放入不锈钢锅内,用电炉进行煮浆,煮浆的过程中要不断进行搅拌以防烧糊,煮沸2~5min即可。煮好的浆用100目的滤布过滤后,应立即进行灌装。

(5)冷却、混合与灌装:豆浆与δ-葡萄糖酸内酯的混合必须在30℃以下进行,否则内酯水解速度过快，造成混合不均匀。将豆浆冷却至30℃以下，按豆浆量的0.2%～0.3%的用量称好δ–葡萄糖酸内酯，混合前1～2min先用凉开水或冷却后的熟豆浆溶解，然后与冷却的豆浆混合，迅速混匀。混合后的浆料倒入模中，除去泡沫，封口。

（6）保温：灌装完成后应立即放入烘箱中，在85～90℃条件下保温15～20min，使豆浆凝固成豆腐。

（7）冷却、成品：保温完成后，将豆腐放入干净的冷水中进行冷却，使豆腐凝胶加大，充分冷却后即可得成品。

## 五、讨论题

1. 制浆前为什么要对大豆进行浸泡？
2. 在大豆蛋白由溶胶转变为凝胶的过程中，加热有何作用？

# 实验十一　腐竹的制作

## 一、实验目的

通过实验操作使学生熟悉腐竹的加工技术。

## 二、主要仪器、设备和原辅材料

### 1. 主要仪器、设备
磨浆机、滤布、平底锅、电磁炉、竹竿、电扇、干燥室、小刀等。

### 2. 原辅材料
大豆等。

## 三、实验原理

腐竹是我国著名的民族特产食品之一。腐竹中含有蛋白质约51%、脂肪约21%，是一种高蛋白质、低脂肪、营养成分全面的豆制食品，在市场上十分畅销。腐竹制品的加工原理与豆腐的主要区别是腐竹制作不许添加凝固剂，形成的凝胶体只是将豆浆中的大豆蛋白结膜挑起干燥即成。

## 四、实验方法

### 1. 工艺流程（图5-9）

选豆 ━━ 清洗 ━━ 浸泡 ━━ 磨浆 ━━ 滤浆 ━━ 调浆 ━━ 煮浆 ━━ 加热提取腐竹 ━━ 烘干 ━━ 成品

图5-9　腐竹制作的工艺流程

### 2. 操作要点
（1）清洗：选用颗粒饱满的新鲜黄豆，以高蛋白质、低脂肪含量者为佳。将黄豆进行筛选或水选，清除灰尘和杂质。

（2）浸泡：将大豆浸泡在比其体积大约 4 倍的水中。浸泡时间的长短取决于温度的高低，一般冬天 12h 以上，夏天 2～3h，春秋 4～5h。

（3）滤浆与调浆：滤浆的操作与豆腐制作相同。但生产腐竹对豆浆的浓度有一定要求，豆浆过稀则速度慢，耗能多，豆浆过浓会直接影响腐竹质量，一般调浆到每千克大豆制浓浆 5～6kg。

（4）煮浆：将调好的豆浆倒入锅内，进行煮浆，煮浆后再进行一次过滤，根除杂质。

（5）加热提取腐竹：将煮浆过滤后的豆浆倒入平底锅内，用文火加热使锅内浆温保持在 85～95℃，并在浆的表面进行吹风。当豆浆表面形成一层油质薄浆皮时，用剪刀沿直径轻轻地把浆皮划开，再用竹竿沿着锅边挑起，3～5min 可形成一层，形成一层，再挑起一层，直到锅内豆浆表面不能再凝结成具有韧性的薄膜为止。

（6）烘干：把挂上竹竿的腐竹送到干燥室进行烘干，室温控制在 35～40℃，约 42h后，腐竹表面呈黄白色，明亮透光即为成品。一般每千克大豆生产成品 0.5kg。

## 五、产品质量标准

1. 感官指标：浅黄色、有光泽、支条均匀，有空心、味正、无杂质。
2. 理化指标：每百克腐竹含水不得超过 10g，蛋白质不得低于 40g，脂肪不得低于 20g；每千克腐竹含砷量不得超过 0.5mg，含铅量不得超过 1mg。

## 六、讨论题

1. 影响腐竹形成的因素有哪些？
2. 腐竹生产的工艺流程及操作要点是什么？

# 实验十二　面包的制作

## 一、实验目的

1. 了解面包的制作原理。
2. 掌握面包的基本制作方法和关键操作步骤。
3. 熟悉面包制作仪器、设备的使用方法。
4. 熟悉糖、食盐、水等各种食品添加剂对面包质量的影响。

## 二、主要仪器、设备和原辅材料

### 1. 主要仪器、设备

台秤、打蛋器、醒发箱、远红外线双层烤箱、菜板、保鲜膜或纱布、面盆、烤盘、一次性桌布等。同学自备干净毛巾一条(垫案板用)。

**2．原辅材料**

食品材料：高筋面粉、干酵母、黄油、奶粉、糖、盐、起酥油、鸡蛋等。

参考配方：面粉 500g，干酵母 7.5g，起酥油 40g，奶粉 15g，糖 90g，鸡蛋 100g（2个），食盐 3g，水 200mL。

## 三、实验原理

面包是以小麦粉为主要原料，加酵母、水、蔗糖、食盐、鸡蛋、食品添加剂等辅料，经过面团的调制、发酵、醒发、整形、烘烤等工序加工而成。在一定的温度下，面团中的酵母利用糖和含氮化合物迅速繁殖，同时产生大量二氧化碳，使面团体积增大，结构酥松，多孔且质地柔软。

## 四、实验方法

### 1．工艺流程（图 5 – 10）

高筋面粉 ⟶ 调制 ⟶ 发酵 ⟶ 整形（切块 ⟶ 称量 ⟶ 搓圆 ⟶ 静置 ⟶ 成型） ⟶ 装盘 ⟶ 醒发 ⟶ 烘烤 ⟶ 冷却 ⟶ 包装 ⟶ 成品

图 5 – 10　面包制作的工艺流程

### 2．操作要点

（1）面团调制：先将糖溶解在少量水中，在 30℃ 左右时，放入活性干酵母溶解活化，调成均匀无颗粒的酵母液，加入用筷子搅匀的鸡蛋，加入盐，将面粉、奶粉等分次加到面盆中，用筷子搅匀。面团成型后，加入起酥油并搅匀，再手工和面。在揉面过程中，可交替用摔、搓、压、叠等各种动作，以促使面筋尽快形成，至面筋形成，面团不粘手，大约需要 20min。整个面团调制过程需 50min 左右。

（2）发酵：将搅拌好的面团放入容器内，覆盖保鲜膜发酵，发酵室的温度为 28～30℃，相对湿度为 70%～75%，时间 2h 左右。发酵完成时，面团达到原来的 2 倍大。

（3）整形：整形包括切块、称量、静置、成型的过程，应在尽可能短的时间内完成。发酵完成后，在案板上撒上一些面粉，手也沾一些面粉，将面团置于案板上，揉成长条形，按扁排气，分割成等份，依次搓成圆形。搓圆采用手工方法，将手心向下，五指稍微弯曲，用掌心夹住面团，向下倾压并在面板上顺着一个方向迅速旋转将面块搓成圆球状，置于刷油的烤盘上，再盖上保鲜膜，静置面团 10min。

（4）醒发：送入醒发箱内醒发，醒发温度为 38～40℃，相对湿度为 80%～90%，时间为 50～60min，面团可再次发酵至 2 倍大。也可以将面团放入烤箱，调节好温度，同时在烤箱中放一杯开水，这样可以加速面团的醒发。

（5）烘烤：在面包坯表面刷一层鸡蛋液，同时预热烤箱。若面包坯重量为 100～150g，烤箱温度可定为入炉上火 180℃，下火 190℃，后同时升至 210～220℃，时间为 15min 左右，至面包金黄色即可。

（6）冷却包装：出炉后面包自然冷却，温度冷却至32℃左右可包装。

（7）感官评定。

## 五、产品感官评价标准

1. 面包表面呈棕黄色，色泽均匀一致、有光泽，无烤焦现象。

2. 外形整齐规则、表面外凸，切开观察内部气孔均匀细密，内质洁白，组织蓬松似海绵状，无生心。

3. 口味香甜柔软，有发酵的醇厚清香味道。

## 六、讨论题

1. 按照要求撰写实验报告，并撰写实验心得体会和建议。

2. 制作面包过程中醒发的目的是什么？

# 实验十三　海绵蛋糕和戚风蛋糕的制作

## 一、实验目的

1. 掌握清蛋糕糊调制的基本原理和调制技术。

2. 了解海绵蛋糕和戚风蛋糕的生产工艺，熟悉打蛋、入模、烘烤等操作要点。

3. 了解蛋糕中成分变化对蛋糕质量的影响。

## 二、主要仪器、设备和原辅材料

### 1. 主要仪器、设备

天平、台秤、烧杯、量筒、打蛋器、烤盘、烤炉、不锈钢盆、面粉筛等。

### 2. 原辅材料

低筋粉（或蛋糕专用粉）、鸡蛋、白砂糖、泡打粉、香精、牛奶、可可粉等。

## 三、实验原理

清蛋糕是蛋糕的基本类型之一，它是以鸡蛋、面粉、糖为主要原料制成的，因其质地松软、结构类似多孔海绵，又称为海绵蛋糕。

清蛋糕的膨松原理主要是依靠蛋白的搅打发泡性。鸡蛋白是一种黏稠的胶体，具有起泡性，在高速搅打下，大量空气被卷入蛋液，被蛋白质胶体薄膜包围，最后蛋液变成大量乳白色的细密泡沫，并呈不流动状态。蛋糕糊在烘烤过程中，泡沫内的气体受热膨胀，蛋糕体积因此膨大，使制品疏松多孔并具有一定的弹性和韧性。蛋糊中卷入空气越多，所制得的蛋糕体积越大，气泡越细密，蛋糕的结构就越疏松柔软。另外，加入的泡打粉在烘烤加热的过程中也会释放出大量的 $CO_2$ 气体，这些气体也可使蛋糕达到膨胀及松软的效果。

## 四、实验步骤

### 1. 工艺流程

(1)海绵蛋糕：见图5-11。

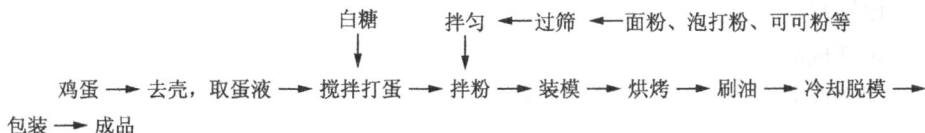

```
                          白糖        拌匀 ◄── 过筛 ◄── 面粉、泡打粉、可可粉等
                           ↓          ↑
鸡蛋 ──► 去壳，取蛋液 ──► 搅拌打蛋 ──► 拌粉 ──► 装模 ──► 烘烤 ──► 刷油 ──► 冷却脱模 ──►
包装 ──► 成品
```

图5-11　海绵蛋糕制作的工艺流程

(2)戚风蛋糕：见图5-12。

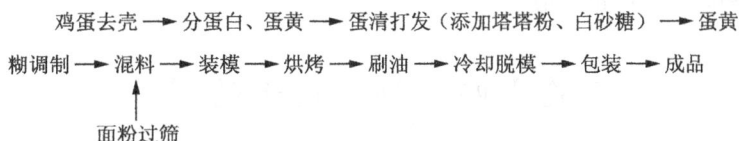

```
鸡蛋去壳 ──► 分蛋白、蛋黄 ──► 蛋清打发（添加塔塔粉、白砂糖）──► 蛋黄
糊调制 ──► 混料 ──► 装模 ──► 烘烤 ──► 刷油 ──► 冷却脱模 ──► 包装 ──► 成品
   ↑
面粉过筛
```

图5-12　戚风蛋糕制作的工艺流程

### 2. 操作要点

(1)原料的选择及预处理：根据配方称取出原辅料。将鸡蛋外壳洗净，晾干，然后去壳取蛋液，置于不锈钢盆中，备用；将面粉、泡打粉、可可粉等粉末状原料分别过筛，然后按需要量称取，混匀，备用。

(2)搅拌打蛋：采用糖蛋拌合法，在蛋液中加入白砂糖，用打蛋器以慢速打均匀，然后用高速将蛋液搅拌到呈乳黄色的细密泡沫，并呈不流动状态。一般打蛋温度为25℃，时间为10～15min，打蛋结束后，体积约增加3倍。

(3)拌粉入模：打蛋结束后，将面粉、泡打粉、牛奶、香精等一起加入到蛋糊中，用打蛋器低速混匀，以最轻、最少翻动次数，搅拌至不见生粉即可。蛋糕糊搅拌好后，一般应立即灌模进入烤炉烘烤。注模操作一般在15～20min内完成，以防蛋糕糊中的面粉下沉，使产品质地变硬。成型模具使用前应涂一层薄油(植物油或猪油)或垫上烤盘纸(在纸上还要均匀地涂上一层油脂)，然后将搅拌好的蛋糕糊倒入模具。注模时还应掌握好灌注量，一般以填充模具的7～8成为宜。

(4)烘烤冷却：将烤盘送入烤炉。海绵蛋糕在上火220℃、下火200℃左右的温度下烘烤，当表面着色后，可降低炉温至180℃，继续烘至成熟，一般需要15～25min。戚风蛋糕在上火140℃、下火160℃左右的温度下烘烤，当表面着色后，改为上火160℃、下火140℃左右，烘烤10min，共计需要45～60min。

蛋糕出炉后，趁热在蛋糕上面刷一层食用油(熟油)，使表面光滑细润，同时起到保护层的作用，减少蛋糕内水分的蒸发。蛋糕所含蛋白数量很多，蛋糕在炉内受热膨胀率很高，出炉后如温度剧变会很快地收缩，所以蛋糕出炉后应立即翻转过来，放在蛋糕架上，使正面向下，底面向上冷却，可防止蛋糕顶面遇冷过度收缩变形。

冷却至室温后，根据需要，装饰裱型或直接包装（美化作用），减少环境条件对蛋糕品质的影响，防止运输过程中的损伤破碎。

## 五、实验结果

1. 原辅料的用量。
2. 蛋糕成品的质量。
3. 配方成分变化对蛋糕质量的影响。

## 六、讨论题

1. 如何判断打发程度？
2. 如何判断蛋糕已烘烤成熟？

# 实验十四　韧性饼干的制作

## 一、实验目的

了解并掌握韧性饼干制作的基本原理及操作方法。

## 二、主要仪器、设备和原辅材料

### 1. 主要仪器、设备
饼干模、双层烤箱、和面机、烤盘、台秤、烧杯等。

### 2. 原辅材料
面粉、白砂糖、食用油、奶粉、食盐、香兰素、碳酸氢钠、碳酸氢铵（泡打粉）等。

## 三、实验原理

饼干是将面粉在其蛋白质充分水化的条件下调制成面团，经辊轧，受机械作用形成具有较强延伸性、适度的弹性、柔软而光滑并且有一定的可塑性的面带，经成型、烘烤得到产品。

韧性饼干是饼干中非常重要的一类，与其他的饼干种类相比，配方中油脂和砂糖的用量较少，在调制面团时，容易形成面筋，工艺上采取较高的加水量，较长时间调粉，调制成的面团具有较高的湿度，延伸性强，弹性和可塑性适中。因此，韧性饼干具有层次整齐、口感松脆、重量轻等特点。

## 四、实验方法

### 1. 溶解辅料
将糖600g、奶粉200g、食盐20g、香兰素5g、碳酸氢钠和碳酸氢铵各20g，加水800mL溶解。

### 2. 调粉

将面粉 4000g、辅料溶液、食用油 400mL、水 200mL 倒入和面机中，和至面团手握柔软适中，表面光滑油润，有一定可塑性、不粘手即可。

### 3. 辊轧

将和好后的面团放入辊轧机，多次折叠反复并旋转 90 度辊轧，至面带表面光泽形态完整。

### 4. 成型

用饼干模将面带成型。

### 5. 烘烤

将饼干放入刷好油的烤盘中，入烤箱 250℃烘烤。

### 6. 冷却

将烤熟的饼干从烤箱中取出，冷却后包装。

## 五、产品的质量标准

### 1. 感官指标

（1）形态：外形完整，花纹清晰，厚薄基本均匀，不收缩，不变形，不起泡，无较大或较多的凹底。特殊加工品种表面允许有砂糖颗粒存在。

（2）色泽：呈棕黄色或金黄色或该品种应有的色泽。色泽基本均匀，表面略带光泽，无白粉，不应有过焦、过白的现象。

（3）滋味与口感：具有该品种应有的香味，无异味。口感松脆细腻，不粘牙。

（4）组织：断面结构有层次或呈多孔状，无大空洞。

（5）杂质：无油污，无异物。

### 2. 理化指标

韧性饼干的水分≤6%，碱度（以碳酸钠计）≤0.4%。

## 六、讨论题

1. 面团调制时需要注意什么问题？
2. 根据实验所得的饼干质量，总结实验成败的原因。

# 实验十五　曲奇饼干的制作

## 一、实验目的

1. 掌握曲奇饼干加工的基本原理及加工工艺过程。
2. 了解一些食品添加剂的性能及其在饼干生产中的应用。

## 二、实验原理

饼干是以中低筋面粉为主要原料，加入油脂、糖、盐、奶、蛋、水、膨松剂等辅料，经过和面、压片、成形、烘烤等加工工序，生产出的酥脆可口的烘烤食品。

曲奇饼干是一种近似于点心类食品的甜酥性饼干，是饼干中配料最好、档次最高的产品。曲奇饼干结构比较紧密，膨松度小。配方中所含的油、盐比例高，调粉过程中先加入油、糖等辅料，在低温下进行搅打，然后加入小麦粉使面团中的蛋白质进行限制性胀润，从而得到弹性小、光滑而柔软、可塑性极好的面团。

## 三、主要仪器、设备和原辅材料

### 1. 主要仪器、设备

电炉、台秤、喷水器、调粉机、小型压面机、饼干成型模具、烤盘、远红外烤箱。

### 2. 原辅材料

高筋粉 800g，酥油 550g，鸡蛋 4 个，糖粉 350g，水 100mL。

## 四、实验方法

### 1. 工艺流程（图 5 – 13）

糖浆水　　　　　　面粉
↓　　　　　　　　↓
奶油 ⟶ 预混 ⟶ 打发 ⟶ 调粉 ⟶ 成型 ⟶ 烘烤 ⟶ 冷却 ⟶ 整理 ⟶ 成品

图 5 – 13　曲奇饼干制作的工艺流程

### 2. 操作要点

（1）打发：将奶油和糖浆水预混，中速搅拌 5min，然后高速搅打，直至体积增加到原体积的 3 倍左右。

（2）调粉：加入过筛的苦荞粉、面粉混合粉，慢速搅拌均匀，搅拌时间为 1min。

（3）成型：手工挤压成直径为 3cm 的梅花型面坯。

（4）烘烤：在 210℃下烘烤 8min 左右。

（5）冷却整理：出炉后在室温下冷却，拣出不规则饼干，然后包装即为成品。

## 五、产品的感官评定

1. 色泽：呈褐黄色或棕黄色。色泽基本均匀，无过焦、过白现象。

2. 滋味和口味：具有香味，无异味，口感松脆。

3. 组织：断面结构呈多孔状，细密无大孔洞。

各指标以 10 分为满分进行评定，最终结果以总分计。

## 六、讨论题

1. 烘烤选用的适宜温度是什么？

2. 本实验为何用糖粉而不用白砂糖？

# 实验十六　酥性饼干的制作

## 一、实验目的

通过实验加深理解饼干生产的基本原理和工艺流程。

## 二、主要仪器、设备和原辅材料

### 1. 主要仪器、设备

和面机、5kg 天平(感量为 1g)、100mL 烧杯、500mL 烧杯、塑料盘、辊筒、刮刀、烤炉、塑料刮板。

### 2. 原辅材料

面粉、精炼植物油、磷脂、白砂糖、奶粉、食盐、小苏打、碳酸氢钙、食用香精等。

## 三、实验原理

首先将油脂、糖、水等辅料投入调粉机中充分混合，乳化为均匀的乳浊液，最后加入小麦粉，这样小麦粉在一定浓度的糖浆和油脂存在的情况下，吸水胀润受到限制，不仅限制了面筋蛋白的吸水，控制面团的起筋，而且可以缩短面团的调制时间。

调制酥性面团主要是要减少水化作用，控制面筋的形成，避免由于面筋的大量形成导致面团弹性和强度增大，可塑性降低，引起饼坯的韧缩变形，防止面筋形成的膜在焙烤过程中引起饼坯表面胀发起泡。

## 四、实验方法

### 1. 工艺流程(图 5-14)

原辅料预处理 → 面团调制 → 辊轧 → 成型 → 烘烤 → 冷却 → 质量评价

图 5-14　酥性饼干制作的工艺流程

### 2. 配方(供参考)

面粉 100g，精炼植物油 20g，磷脂 2g，蔗糖 40g，奶粉 4g，食盐 0.5g，小苏打 0.3g，碳酸氢钙 0.2g，香草香精 0.1g，水适量。

### 3. 操作要点

(1)原辅料准备：①按配方称取面粉、奶粉、小苏打、碳酸氢铵，置于塑料盘中，并用塑料刮板将其混合均匀。其中奶粉、小苏打和碳酸氢铵如有团块，应事先研成粉末。②用 500mL 烧杯按配方称取植物油、磷脂、蔗糖、食盐，并用滴管滴入香草香精 8～10 滴。③用 100mL 烧杯按配方称取冷水。

(2)面团调制：①将 500mL 烧杯中的油、糖等物料倒入和面机中，并用称量好的水清洗烧杯，洗液也倒入和面机中。②开动马达，快速搅拌 2min 左右。③将粉料倒入和面机，继续快速搅拌 4min。

（3）辊轧：将调制好的面团取出，置于烤盘上，用面轧筒将面团压成薄片，然后折叠为四层，再进行辗压 2～3 次，最后压成厚度为 2～3mm 的均匀薄片。

（4）成型：用饼干模子压制饼干坯，并将头子分离，再进行辗轧和成型。

（5）烘烤：将装置饼干坯的烤盘放入烤炉中进行烘烤。烘烤温度为 240℃，时间为 4～5min，温度和时间需根据饼干上色情况而定。出炉的颜色不可太深，因为出炉后还会加深一些。

（6）冷却：烤盘出炉后应迅速用刮刀将饼干铲下，并置于冷却架上进行冷却。

## 五、产品质量评价

饼干冷至室温后进行感官鉴定，将结果填入表 5-6 中。

表 5-6 饼干感官鉴定表

| 检验方法 | 检验项目 | 检验结果 |
|---|---|---|
| 感官检验 | 形态 | |
| | 色泽 | |
| | 口味 | |
| | 卫生 | |
| 理化检验 | 块数 | |
| | 水分/（%） | |
| | 碱度/（%） | |

## 六、讨论题

1. 制作酥性饼干对面粉原料有什么要求？为什么？
2. 糖、油、磷脂等辅料在饼干生产中起什么作用？
3. 试分析所做饼干的优缺点及产生缺点的原因？

# 实验十七　广式月饼的制作

## 一、实验目的

1. 掌握制作广式月饼的基本原理及工艺流程。
2. 了解糖浆类面皮的调制方法。

## 二、主要仪器、设备和原辅材料

### 1. 主要仪器、设备

电磁炉、台秤、不锈钢锅、月饼模具、小型搅拌机、烤盘、远红外烤箱、电风扇、薄膜封口机等。

### 2. 原辅材料

糖浆配方：水 150g，白砂糖 350g，麦芽糖 5g，柠檬酸 0.4g。

皮料配方：碱水 16mL，植物油 320mL，低筋粉 800g。

内馅：莲蓉或者豆蓉。

烤皮刷蛋液：鸡蛋 2 个。

## 三、实验原理

实验中，主要利用转化糖浆来进行面皮的生产。蔗糖在酸的作用下水解成葡萄糖与果糖即为转化糖浆，可代替淀粉糖浆和饴糖使用。转化糖浆使月饼饼皮在一定时间内保持质地松软，并且由于它的焦化作用和褐色反应，可使产品表面呈金黄色。另外，转化糖浆还起着维持饼体骨架及改善组织状态的作用。

## 四、实验方法

### 1. 工艺流程（图 5 – 15）

熬制糖浆 ➡ 制面团、制馅 ➡ 分块 ➡ 包馅 ➡ 成型 ➡ 焙烤 ➡ 冷却 ➡ 包装 ➡ 成品

图 5 – 15　广式月饼加工的工艺流程

### 2. 操作步骤

（1）糖浆的制作：先将清水注入锅中，加入白砂糖，加热搅拌至溶解，然后将麦芽糖与柠檬酸溶解液加入其中，煮沸后改用慢火，期间要把浮面上的泡沫杂物去掉，保持糖浆的清澈透明，再煮 60min 左右，起锅，储放 15～20d 后使用。

（2）皮料制作：首先将碱水倒入植物油中，边倒入边搅拌，当液面微呈乳白色并变得黏稠时，再加入糖浆继续搅拌，直至看不到表面的油花时，加入面粉，调制成面团。最后在面团表面加盖一块微湿干净的白布，静置 30min。

（3）分块：将面团搓成条状，用刀切分成 55g/个的小块，馅切分成 70g/个的小块，分别进行搓圆。

（4）包馅、成型：用手掌把皮压平，将馅料放在中央，饼皮紧贴馅料，不能留有空隙，否则会胀破饼皮。向饼模中加入少许面粉，把包好的月饼放进饼模中用手压实，再拿起饼模在案边上左右各敲一下，轻轻将饼拍出，排列在烤盘中。

（5）焙烤：在远红外烤箱中，设置面火 200℃、底火 180℃，先烤 12min 待饼坯面微黄时，用蛋液刷表面，刷完后转盘再烤 15min 左右（要视品种而定）出炉。

（6）冷却包装：在冷却间用电风扇强制吹风冷却，冷却后用薄膜封口机进行包装。如未冷透就封口则会使热气、潮气封闭在包装袋中，易导致月饼表面长霉。

## 五、讨论

1. 糖浆在广式月饼生产中的作用是什么？

2. 防止广式月饼腐败，延长其保质期的方法有哪些？

# 实验十八  葡式蛋挞的制作

## 一、实验目的

1. 了解混酥类点心的特点。
2. 掌握蛋挞制作工艺与一般操作步骤。

## 二、材料和设备

### 1. 主要仪器、设备

烤炉、不锈钢容器、擀面杖、天平、挞模、微波炉等。

### 2. 原辅材料

皮料：高筋面粉300g，低筋粉2700g，酥油600g，片状马琪琳2550g，水1200g，白砂糖600g。

浆料：白砂糖450g，鲜奶油1200g，牛奶2550g，炼乳适量，低筋面粉150g，蛋黄53个。

## 三、实验过程

### 1. 工艺流程（图5-16）

浆料

面粉、鸡蛋、糖、辅料 ——→ 面团调制 ——→ 成型 ——→ 入模 ——→ 烘烤 ——→ 脱模 ——→ 冷却 ——→ 成品

图5-16  葡式蛋挞制作的工艺流程

### 2. 操作要点

（1）挞皮的制作：①将高粉、低粉、酥油、水混合，拌成面团。水要逐渐添加，并用水调节面团的软硬程度，揉至面团表面光滑均匀即可，用保鲜膜包起面团，松弛20min。②将片状马琪琳用塑料膜包严，用走槌敲打，把马琪琳打薄一点，不要把塑料膜打开，用压面棍把马琪琳擀薄，擀薄后的马琪琳软硬程度应该和面团硬度基本一致，取出马琪琳待用。③案板上施薄粉，将松弛好的面团用压面棍擀成长方形。擀的时候四个角向外擀，这样容易把形状擀得比较均匀。擀好的面片，其宽度应与马琪琳的宽度一致，长度是马琪琳长度的三倍，把马琪琳放在面片中间。④将两侧的面片折过来包住马琪琳，然后将一端捏死。⑤从捏死的这一端用手掌由上至下按压面片，按压到下面的一头时，将这一头也捏死。将面片擀长，象叠被子那样四折，用压面棍轻轻敲打面片表面，再擀长。⑥将四折好的面片开口朝外，再次用压面棍轻轻敲打面片表面，擀开成长方形，然后再次四折。四折之后，用保鲜膜把面片包严，松弛20min。⑦将松弛好的面

片开口向外，用压面棍轻轻敲打，擀长成长方形，然后三折。⑧把三折好的面片再擀开，擀成厚度为 0.6cm、宽度为 20cm、长度为 35～40cm 的面片，用刀切掉多余的边缘进行整型。整型后的面片的厚度约为 0.5～0.6cm。⑨将面片从较长的这一边开始卷起来。⑩将卷好的面卷包上保鲜膜，放在冰箱里冷藏 30min，进行松弛。⑪松弛好的面卷用刀切成厚度 1cm 左右的片。⑫将上步得到的面片放在面粉中沾一下，然后沾有面粉的一面朝上，放在未涂油的挞模里，用两个大拇指将其捏成挞模形状。

（2）浆料的制作：①将鲜奶油、牛奶、炼乳、砂糖放在小锅里，用小火加热，边加热边搅拌，至砂糖溶化时离火，放凉，然后加入蛋黄，搅拌均匀。②把面粉过筛，加入上步得到的浆料，拌匀，然后将制成的蛋挞水过滤，倒入挞皮中。③在捏好的挞皮里装上蛋挞水，装七八分满即可。

（3）烘烤：放入烤箱烘烤。烘烤温度为 220℃ 左右，烘烤时间约为 15～20min。

（4）脱模、冷却：将出炉的蛋挞立即反扣脱模，置于空气中自然冷却至室温。

## 四、产品质量评价

从形态、色泽、内部组织状态、口味等方面对成品进行感官评价。

## 五、讨论题

1. 如何制作蛋挞皮？
2. 蛋挞表面若有焦斑是什么原因造成的？

# 实验十九　粮谷食品工艺综合实验

## 一、实验目的

1. 熟练掌握粮谷类产品的研发流程。
2. 能利用三峡库区特色食品资源开发一种新型粮谷类产品。
3. 掌握相关仪器和设备的使用。
4. 培养学生综合运用所需知识的能力，独立分析和解决实际生产问题能力。

## 二、主要仪器、设备和原辅材料

### 1. 主要仪器、设备
食品工程中心设备、粮谷加工实验室设备等。
### 2. 原辅材料
一种或几种三峡库区特色食品资源，市售各种食品添加剂及香辛料等。

## 三、实验原理

利用前面所学各种粮谷制品的制作原理，研发一种新型产品。采用正交试验或者响应面法对该产品的工艺进行优化。

## 四、实验方法

1. 简述产品的生产工艺流程。

2. 简述产品操作要点。

## 五、产品质量评价

1. 感官评价。

2. 理化分析。

3. 微生物学指标分析。

## 六、结果与分析

1. 对实验结果进行描述。

2. 对实验结果进行分析和讨论。

## 七、综合实验设计要求

每3～5人一组，在查阅相关资料的基础上，完成设计方案说明书，经老师审批后，进行实验并写出综合实验报告。综合性实验的成绩由四个方面组成：设计方案说明书占20%，综合实验报告占40%，产品占30%，课堂表现占10%。

# 第六章　蛋制品工艺实验

## 实验一　变蛋的制作

### 一、实验目的

了解和掌握变蛋制作的基本方法和工艺。

### 二、主要仪器、设备和原辅材料

**1. 主要仪器、设备**

台秤、发酵缸等。

**2. 原辅材料**

蛋、茶叶(产自三峡库区)、黄泥、稻壳、生石灰、纯碱、食盐、氧化铅等。

### 三、实验原理

变蛋又叫灰包蛋、包蛋,是河南、山东、安徽(部分城市)的特产,是中国汉族传统的风味蛋制品。变蛋不仅为国内广大消费者所喜爱,在国际市场上也享有盛名。

变蛋是一种碱性食品。腌制变蛋所需的材料有盐、茶以及碱性物质(如生石灰、草木灰、碳酸钠、氢氧化钠)。鸡蛋经过强碱作用后,原本具有的含硫氨基酸被分解产生硫化氢及氨,再加上浸渍液中配料的气味,就产生特有的味道了。在强碱的作用下,蛋白部分呈现红褐或黑褐色,蛋黄呈现墨绿或橙红色。其主要的制作原理是利用盐的腌制作用,抑制微生物的生长,同时赋予蛋品一定的咸香味。

### 四、实验方法

**1. 浸泡变蛋**

(1)加工变蛋的原料蛋须经照蛋和敲蛋等工序逐个严格挑选,以满足加工的要求。加工变蛋的原料蛋用灯光透视时,气室高度不得高于9mm,整个蛋内容物呈均匀一致的微红色,蛋黄不见或略见暗影,胚珠无发育现象。转动蛋时,可略见蛋黄也随之转动。次蛋,如破损黄、热伤蛋等,均不宜加工变蛋。经过照蛋挑选出来的合格鲜蛋,还需检查蛋壳完整与否，厚薄程度以及结构有无异常。裂纹蛋、沙壳蛋、油壳蛋都不能作变蛋加工的原料。此外，敲蛋时，还可以根据蛋的大小进行分级。

（2）生石灰要求色白、重量轻、块大、质纯，有效氧化钙的含量不低于75%。纯碱（$Na_2CO_3$）要求色白、粉细，含碳酸钠在96%以上，不宜用普通黄色的"老碱"。若用存放过久的"老碱"，应先在锅中加热处理，以除去水分和二氧化碳。茶叶选用新鲜红茶或茶末为佳。选用食品级或纯的硫酸铜或硫酸锌。黄土应为深层土、无异味，取后晒干、敲碎、过筛备用。稻壳要求金黄干净，无霉变。

（3）先将碱、盐放入缸中，将熬好的茶汁倒入缸内，搅拌均匀，再分批投入生石灰并且及时搅拌，使其反应完全，待料液温度降至50℃左右时，将硫酸铜（或硫酸锌）化水倒入缸内，捞出不溶石灰块并补加等量石灰，冷却后备用。

（4）用刻度吸管吸取澄清料液4mL，注入300mL的三角瓶中，加水100mL、10%氯化钡溶液10mL，再加酚酞指示剂，用盐酸标准溶液滴定至粉红色恰好消褪为止，消耗的盐酸标准溶液的毫升数即相当于氢氧化钠含量的百分数。料液中的氢氧化钠含量要求达到4%左右。若浓度过高应加水稀释，若浓度过低应加烧碱提高料液的氢氧化钠浓度。

（5）将检验合格的蛋装入缸内，用竹篾盖撑封，将冷却的料液在不停地搅拌下徐徐倒入缸内，使蛋全部浸泡在料液中。

（6）灌料后要保持室温在16～28℃，最适温度为20～25℃，浸泡时间为25～40d，在此期间要进行3～4次检查。出缸前取数枚变蛋，用手颠抛，变蛋回到手心时有震动感，用灯光透视蛋内呈灰黑色，剥壳检查蛋白凝固光滑，不粘壳，呈黑绿色，蛋黄中央呈糖心即可出缸。

（7）变蛋的包装有传统的涂泥包糠法和现代的涂膜包装法。①涂泥包糠法：用残料液加黄土调成糯糊状，包泥时用刮泥刀取40～50g的黄泥及稻壳，使变蛋全部被泥糠包埋，放在缸里或塑料袋内密封贮存。②涂膜包装法：用液体石蜡或固体石蜡等作涂膜剂，喷涂在变蛋上，若为固体石虹需先加热熔化后喷涂或涂刷，待晾干后，再封装在塑料袋内贮存。

### 2. 包泥变蛋

（1）配制时先将茶叶泡开，再将生石灰投入茶汁中化开，捞出石灰渣，并补足生石灰，然后加入纯碱、食盐搅拌均匀，最后加入草木灰和黄土，充分搅拌，待料泥起黏无块后，冷却。将冷却成硬块的料泥全部放入石臼或木桶内用木棒反复锤打，边打边翻，直到捣成糯糊状为止。

（2）取料泥一小块放于平皿上，表面抹平，再取蛋白少许滴在料泥上，10min后若蛋白凝固并有粒状或片状带黏性的感觉，说明料泥正常，可以使用。若不凝固，则料泥碱性不足。如有粉末感觉，说明料泥碱性过大。

（3）一般料泥用量为蛋重的65%～67%。包料要均匀，包好后滚上糠，放入缸中。

（4）用两层塑料薄膜盖住缸口，不能漏气，缸上贴上标签，注明时间、批次、数量、级别、加工代号等。

（5）春秋季一般30～40d可成熟，夏季一般20～30d可成熟。

**附：变蛋建议配方**

**1. 浸泡变蛋**

鸡蛋10kg，碱面0.8kg，生石灰3kg，食盐0.6kg，茶叶0.4kg，黄丹粉20g，水11kg。

**2. 包泥变蛋**

鸡蛋10kg，碱面0.6kg，生石灰1.5kg，草木灰1.5kg，食盐0.2kg，茶叶0.2kg，黄丹粉12g，干黄土3kg，水4kg。

## 五、讨论题

比较不同变蛋产品的配方、工艺和成品特点。

# 实验二　咸鸭蛋的制作

## 一、实验目的

了解和掌握咸蛋制作的基本方法和工艺。

## 二、主要仪器、设备和原辅材料

**1. 主要仪器、设备**

台秤、发酵缸等。

**2. 原辅材料**

蛋、食盐、草木灰、干黄土等。

## 三、实验原理

咸蛋又称盐蛋、腌蛋、味蛋等，是一种风味特殊、食用方便的再制蛋。咸蛋的生产极为普遍，全国各地均有生产，其中尤以江苏高邮咸蛋最为著名。高邮咸蛋个头大，具有鲜、细、嫩、松、沙、油六大特点，用双黄蛋加工的咸蛋，色彩鲜艳、风味别具一格。因此，高邮咸蛋除供应国内各大城市外，还远销港澳地区和东南亚各国，驰名中外。

其制作原理是食盐渗入蛋内，使蛋内蛋白质、脂肪发生变化，改善了风味，同时抑制了微生物繁殖，并可降低蛋内酶的活性，从而延缓了腐败变质的速度，增加了保藏性。

## 四、实验方法

**1. 草灰咸蛋**

先将食盐和水放入拌料缸内，经搅拌使食盐溶化后，再分批加入筛过的草木灰和黄土，搅拌均匀至灰浆发黏为止。将检验合格的蛋放在灰浆内翻滚一周，蛋壳表面均匀粘上灰浆后，取出放入灰盘内滚上一层干灰，用手将灰料捏紧后放入缸或塑料袋中，封口，置阴凉通风室内 30～40d 即为成品。

**2. 黄泥咸蛋**

将黄土捣碎过筛后，与食盐和水放入拌料缸内，用木棒充分搅拌成稀薄的糯糊状，其标准以一个鸭蛋放进泥浆，一半浮在泥浆上面，一半浸在泥浆内为合适。将检验合格的蛋放于泥浆中，使蛋壳全部粘满泥浆后，取出放入缸或塑料袋中，最后将剩余的泥浆倒在蛋上，盖好盖子封口，存放 30～40d 即为成品。

**3. 品质鉴定**

(1)透视检验：抽取腌制到期的咸蛋，洗净后放到照蛋器上，用灯光透视检验。腌制好的咸蛋透视时，蛋内澄清透光，蛋白清澈如水，蛋黄鲜红并靠近蛋壳，将蛋转动时，蛋黄随之转动。

(2)摇震检验：将咸蛋握在手中，放在耳边轻轻摇动，感到蛋白流动，并有拍水的声响是成熟的咸蛋。

(3)除壳检验：取咸蛋样品，洗净后打开蛋壳，倒入盘内，观察其组织状态。成熟良好的咸蛋，蛋白与蛋黄分明，蛋白呈水样，无色透明，蛋黄坚实，呈珠红色。

(4)煮制剖视：品质好的咸蛋，煮熟后蛋壳完整，煮蛋的水洁净透明。煮熟的咸蛋，用刀沿纵面切开观察，成熟的咸蛋蛋白鲜嫩洁白，蛋黄坚实，呈珠红色，周围有露水状的油珠，品尝时咸淡适中，鲜美可口，蛋黄发沙。

**附：咸蛋建议配方**

**1. 草灰咸蛋**

鸭蛋 1000 枚，草木灰 20kg，食盐 6kg，干黄土 1.5kg，水 18kg。

**2. 黄泥咸蛋**

鸭蛋 1000 枚，食盐 7.5kg，干黄土 8.5kg，水 4kg。

## 五、讨论题

比较不同咸蛋产品的配方、工艺和成品特点。

# 实验三　五香茶叶蛋的制作

## 一、实验目的

了解和掌握茶叶蛋制作的基本方法和工艺。

## 二、主要仪器、设备和原辅材料

**1. 主要仪器、设备**

蒸煮锅、电磁炉等。

**2. 原辅材料**

鲜蛋、万州红茶、食盐、酱油、茴香、桂皮、丁香等。

## 三、实验原理

茶叶蛋，著名汉族小吃，中国的传统食物之一。茶叶蛋是在煮制过程中加入茶叶的一种加味水煮蛋，因其做法简单，携带方便，多在车站、街头巷尾、游客行人较多之处等置小锅现煮现卖。本品物美价廉，可以做餐点，闲暇时又可当零食，实用和情趣兼而有之。因在烫煮过程中加入少许茶叶，煮出来的蛋色泽褐黄。茶叶蛋制作的材料有鸡蛋、茶叶、富清茶蛋料、盐、酱油、味精等，待鸡蛋煮熟即为成品。其做法简单，美味十足。

## 四、实验方法

1. 将原料蛋用清水洗净，再用清水将蛋煮制，至蛋白凝固(15 min)后，捞出浸入冷水中冷却，使蛋壳与蛋白分离。

2. 待蛋冷透后，取出击破蛋壳，使裂纹布满蛋面，或用两手轻轻搓蛋使整个蛋壳破碎。

3. 按配方将各种辅料及水投入锅中，再将击破蛋壳的蛋放入锅中，使蛋全部淹没在料液中。

4. 蛋入锅后，先用常火将料液烧开再改用文火焖煮约1h即可，在原料液中再浸泡6～8h，其风味更好。因此，五香茶叶蛋一般均浸泡在原料液中贮存，随吃随取。

5. 产品质量评价。五香茶叶蛋的评分标准见表6-1。

**表6-1　五香茶叶蛋的评分标准**

| 指标 | 特征 | 评分 |
|---|---|---|
| 色泽 | 有淡淡的茶色，且颜色鲜亮 | 8～10分 |
| | 蛋的颜色较暗沉 | 7～5分 |
| | 茶色不明显，与水煮蛋颜色无异 | 5分以下 |
| 气味 | 气味香浓，茶香味较明显 | 8～10分 |
| | 气味较淡，茶香味不明显 | 7～5分 |
| | 基本无气味，没有茶香味或有其他异味 | 5分以下 |
| 滋味 | 具有该食品所特有的香味 | 8～10分 |
| | 不具有明显的香味，或香味较淡 | 7～5分 |
| | 没有香味或有其他味道 | 5分以下 |

**附：五香茶叶蛋建议配方**

鲜蛋20枚，红茶20g，食盐30g，酱油80g，茴香6g，桂皮5g，丁香3g，水1000g。

## 五、讨论题

比较不同茶叶蛋产品的配方、工艺和成品特点。

# 实验四　虎皮蛋罐头的制作

## 一、实验目的

通过实验掌握虎皮蛋罐头的加工工艺及操作要点。

## 二、主要仪器、设备和原辅材料

### 1. 主要仪器、设备

不锈钢锅、不锈钢勺、罐头瓶等。

### 2. 原辅材料

鹌鹑蛋、精炼植物油、食盐、酱油、茴香、味精等。

## 三、实验原理

罐头食品是指将符合要求的原料经过处理、调配、装罐、密封、杀菌、冷却、无菌灌装，达到商业无菌要求，在常温下能够长期保存的食品。罐头食品制作有两大关键特征，即密封和杀菌。本实验是以新鲜鹌鹑蛋为主要原料制作的一种蛋制品罐头。

## 四、实验方法

### 1. 鲜蛋检验

剔除次劣和变质蛋。

### 2. 清洗

将检验合格的鲜蛋放入30℃左右的水中浸泡5～10min，捞出鲜蛋，并用清水洗去粘在蛋上的杂物、粪便等。

### 3. 预煮、剥壳

将清洗后的鲜蛋放入5%的食盐溶液中煮沸3min左右，待鹌鹑蛋熟透后，捞出，立即浸入冷水中冷却，以便于剥壳。

### 4. 油炸

将剥壳后的蛋沥干，然后放入180～200℃的植物油中炸2～3min，待蛋白表面炸至深黄色，并形成有皱纹的皮层时捞出。

### 5. 配汤

将各种香辛料用纱布包好放入清水中煮沸40～50min，待食盐、白糖溶解后停止加热，过滤，冷却至80℃，备用。

### 6. 装罐

玻璃瓶先消毒，然后装入200g汤汁和300只蛋。

### 7. 排气

同果蔬罐头。

**8. 杀菌**

118℃，15～25min。

**9. 保温**

40℃，5d。剔除不合格罐。

## 五、讨论题

1. 虎皮蛋罐头制作的关键步骤是什么？
2. 制作罐头过程中排气的目的是什么？

# 实验五　蛋黄酱的加工

## 一、实验目的

掌握蛋黄酱的制作中乳化操作的原理和方法。

## 二、主要仪器、设备和原辅材料

### 1. 主要仪器、设备

配料罐、水浴锅、打蛋机、胶体磨、温度计、天平等。

### 2. 原辅材料

蛋黄、精炼植物油、食用白醋、白砂糖、食盐、胡椒粉、芥末粉等。

## 三、实验原理

蛋黄酱（Mayonnaise）是一种调味油，由食用植物油脂、食醋、果汁、蛋黄、蛋白、食盐、糖、香草料、化学调味料、酸味料等原料组成。一般使用精制色拉油，不使用氢化油。乳化形式为水包油型。蛋黄酱的色泽淡黄，柔软适度，呈黏稠态，有一定韧性，清香爽口，回味浓厚。蛋黄中的磷脂有较强的乳化作用，因而能形成稳定的乳化液。油脂以 $2～4\mu m$ 的微细粒子分散于醋中，食用时水相部分先与舌头接触，所以首先给人以滑润、爽快的酸味感，然后才能察觉出油相的部分。本品以蛋黄酱为基本原料，可调制出炸鱼、牛扒以及虾、蛋、牡蛎等冷菜的调味汁，可添加番茄汁、青椒、腌黄瓜、洋葱等，亦可调制出新鲜蔬菜色拉或通心粉色拉的调味汁。

蛋黄酱是以精炼植物油、食醋、鸡蛋黄为基本成分，通过胶体研磨机使油的微滴被分散在水中呈乳化液，通过乳化制成的颗粒结构的半流体食品。蛋黄的乳化性能使食油和醋均匀地混合在一起。

## 四、实验方法

### 1. 分离蛋黄、蛋黄杀菌冷却

鸡蛋除去蛋清，取蛋黄打成匀浆，水浴加热至60℃，保温3min以杀灭沙门菌，冷却至室温备用。

**2. 预乳化**

用打蛋机搅打蛋黄，加入 1/2 的醋，边搅拌边加入油，油的加入速度不大于 100mL/min（总量为 1000g），直至搅打成淡黄色的乳状液，随后加入剩余的醋等成分，搅打均匀。

**3. 均质乳化**

胶体磨要冷却到 10℃ 以下，经胶体磨均质成膏状物，使用尼龙/聚乙烯复合袋包装，热封后即得成品。成品为黄色，有适当黏度，有香味，无异味，乳化状态好。

**附：蛋黄酱建议配方**

油脂 75g/100g，白胡椒 0.2g/100g，醋 10.5g/100g，蛋黄 9g/100g，砂糖 2.5g/100g，食盐 1.5g/100g，芥末 1.0g/100g。

## 五、讨论题

1. 各组分在蛋黄酱中的作用是什么？
2. 胶体磨的作用是什么？
3. 哪些措施保障蛋黄酱的微生物安全？

# 实验六　蛋肠的加工

## 一、实验目的

了解和掌握蛋肠制作的基本方法和工艺。

## 二、主要仪器、设备和原辅材料

### 1. 主要仪器、设备
配料罐、打蛋机、灌肠机、蒸煮槽、天平等。

### 2. 原辅材料
鸡蛋、蛋白粉、食盐、葱汁、胡椒粉等。

## 三、实验原理

蛋肠是一种以鸡蛋为主要原料，适当添加其他配料，仿照灌肠工艺，经灌制、漂洗、蒸煮、冷却等工序，加工而成的一种蛋制品。蛋肠具有营养丰富、味美辛香、食用方便、易于贮存等特点。

## 四、实验方法

### 1. 配料
鲜鸡蛋 50kg，湿蛋白粉 10kg，食盐 1.8kg，葱汁 500g，胡椒粉 60g，温水（40℃ 左

右)2.5kg。将以上除鸡蛋以外的配料，预混后备用。

### 2. 打蛋

将洗净的鸡蛋逐枚打开，倒入打蛋机的打蛋缸中，以60～80r/min的转速，打蛋15～20min，没有打蛋机时可手工打蛋30～35min。打蛋完成后，将上述预混料掺入，继续打2～3min，制成蛋混料，待用。

### 3. 灌制

用灌肠机将蛋混料灌入肠衣内。没有灌肠机时，也可用搅肉机取下筛板和搅刀，安上漏斗代替灌肠机。肠衣下端以细麻绳扎紧，注料后上端也以细麻绳扎紧，并预留一绳扣，以便悬挂，每根蛋肠长度为30cm。

### 4. 漂洗

灌制的湿肠，放在温水中漂洗，以除去附着的污物，并逐根悬挂在特制的多用木杆上，以便蒸煮。

### 5. 蒸煮

将蒸煮槽内盛上半槽清水，加热至85～90℃时，将挂满蛋肠的木杆逐根排放入槽内继续加热，并使水温恒定在78～85℃，焖煮25～30min，使蛋肠的中心温度达到72℃以上，即可出锅。

### 6. 冷却

将煮制成的蛋肠连杆从蒸煮槽中取出，并排放在预先清洗消毒的杆架上，推放到熟食品冷却间，使蛋肠的中心温度冷却至17℃以下，蛋肠表面呈干燥状态，即为成品。

### 7. 包装

对本地区销售的产品不包装，以悬挂式保藏；对外地销售产品用带有食用塑料袋内囊的食品纸箱进行包装。

### 8. 贮藏

悬挂式保藏的蛋肠，在温度低于8℃、相对湿度75%～78%状况下可保存5～6d；包装外运的产品置于−13℃的冷库内可贮存6个月。

在鸡蛋灌肠的配料中也可加入切碎的鸡杂，使灌肠的截面形成一定的结构和花纹，提高营养价值、风味和口感。

## 五、讨论题

比较不同蛋肠产品的配方、工艺和成品特点。

# 实验七　湿蛋黄的加工

## 一、实验目的

1. 通过本试验要求熟悉湿蛋黄的加工原理和加工工艺。
2. 掌握主要工序的操作要领。

## 二、主要仪器、设备和原辅材料

### 1. 主要仪器、设备

照蛋器、棕刷、打蛋器、铜丝筛、盛蛋容器、漂白粉、分蛋杯等。

### 2. 原辅材料

鲜蛋、食盐、硼酸、甘油和苯甲酸钠。

## 三、实验原理

湿蛋黄制品是以蛋黄为原料，加入防腐剂后制成的液蛋制品。根据所用防腐剂的不同，湿蛋黄制品分为新粉盐黄、老粉盐黄和蜜湿蛋黄三种。新粉盐黄以苯甲酸钠为防腐剂，老粉盐黄以硼酸为防腐剂，蜜湿蛋黄制品以甘油为防腐剂。

## 四、实验方法

### 1. 工艺流程（图6-1）

蛋黄液 ——→ 搅拌过滤 ——→ 加防腐剂 ——→ 静置沉淀 ——→ 装桶 ——→ 成品

图6-1　湿蛋黄加工的工艺流程

### 2. 操作要点

（1）原料蛋检验：原料蛋应先进行感官鉴定，观察蛋壳清洁、完整状况以及蛋的形状等，剔除破损蛋、污壳蛋。将整理出的蛋在暗室内用照蛋器进行照蛋，剔除不能加工的各种次劣蛋。

（2）清洗和消毒：将检验合格的蛋放在流水池中，用棕刷洗刷干净。洗净的蛋放在质量浓度为800～1000mg/L的漂白粉溶液中浸泡5min，再放于温水中浸泡片刻，除去蛋壳上的余氯后取出晾干。

（3）打蛋：将晾干的蛋打破蛋壳，剥开蛋壳使蛋液流入打蛋盘上的分蛋杯内。蛋黄留在分蛋杯的存蛋黄处，而蛋白就可以从蛋黄上分离出来流入备好的蛋白杯内，最后将蛋黄从分蛋杯内倒入蛋黄桶内。

（4）搅拌和过滤：打蛋分离出的蛋黄用搅拌器充分搅拌，使其成为均匀的蛋黄液。将蛋黄液倒入孔径为880μm的铜丝筛上过滤，所得过滤液再倒入孔径为700μm的铜丝筛上再过滤一次，滤除蛋黄液中的蛋黄膜、系带、破碎蛋壳等杂质。滤得的蛋黄液过秤后，储存在蛋液缸内。

（5）加防腐剂：根据湿蛋黄品种的不同加入不同种类的防腐剂。新粉盐黄是在蛋黄液中加入质量浓度为5～10g/L的苯甲酸钠和60～80g/L的食盐；老粉盐黄是在蛋黄液中加入质量浓度为1～2g/L的硼酸和100～120g/L的食盐；蜜湿蛋黄是在蛋黄液中加入10%的上等甘油。

（6）静置和装桶：经搅拌后的蛋黄液在蛋液缸内静置3～5d，使泡沫消失，食盐溶解，杂质沉淀。蛋黄液与防腐剂完全混合后，用孔径为700μm的铜丝筛过滤，滤过的蛋黄液即可灌入木桶，木桶的孔口用木塞紧密塞住，便成为湿蛋黄制品。

## 五、讨论题

湿蛋黄制品加工过程中如何根据国家标准选用防腐剂?

# 实验八 糟蛋的加工

## 一、实验目的

1. 通过本实验掌握糟蛋的加工原理和生产工艺流程。
2. 熟悉相关仪器、设备的操作和使用。

## 二、主要仪器、设备和原辅材料

### 1. 主要仪器、设备

坛子、蒸桶等。

### 2. 原辅材料

鲜鸭蛋、糯米、酒药、食盐等。

## 三、实验原理

糯米在酿制过程中，糖化菌将淀粉分解成糖浆，糖类再经过酵母发酵产生醇类(主要为乙醇)，同时部分醇氧化成乙酸。这些酒糟中存在的酸、醇、糖和添加的食盐，通过渗透和扩散作用进入蛋内，使蛋白和蛋黄变性凝固，从而使成品蛋蛋白呈乳白色、胶冻状，蛋黄呈橘红色、半凝固状，有酒香味和微甜味。糟制过程中，受糟中乙酸的作用，蛋壳中的碳酸钙溶解，蛋壳变软，渗入蛋内的食盐可使蛋内容物脱水，促进蛋白质凝固，也有调味的作用，还可以使蛋黄中的脂肪游离，使蛋黄脱水起沙。鲜蛋在长时间糟制时，糟中有机物渗入蛋内，使成品变大而饱满，质量增加。糟中乙醇含量达15%，在长时间糟制的过程中，蛋中微生物，特别是致病菌均被杀死，所以糟蛋可以生食。

## 四、实验方法

### (一)平湖糟蛋的加工

### 1. 工艺流程(图6-2)

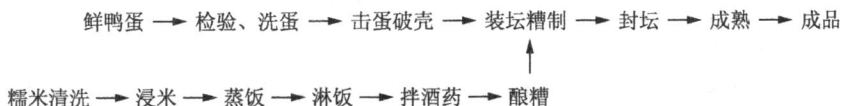

鲜鸭蛋 → 检验、洗蛋 → 击蛋破壳 → 装坛糟制 → 封坛 → 成熟 → 成品

糯米清洗 → 浸米 → 蒸饭 → 淋饭 → 拌酒药 → 酿糟 ↑

图6-2 平湖糟蛋加工的工艺流程

### 2. 操作要点

（1）酿酒制糟：①浸米。投料量以 100 枚蛋用糯米 9.0～9.5kg 计算。糯米淘净后放入缸内，加入冷水浸泡，浸泡时间以气温 12℃浸泡 24h 为宜。气温每上升 2℃，可减少浸泡 1h；气温每下降 2℃，延长浸泡 1h。②蒸饭。把浸好的糯米从缸中捞出，用冷水冲洗 1 次，倒入蒸桶内，四周铺平。在蒸饭前，先将锅内的水烧开，再将蒸饭桶放在蒸板上，待蒸汽从锅内透过糯米上升后，用木盖盖好，约 10min 左右，用炊帚蘸热水散泼在米饭上，以使上层的米饭蒸涨均匀，也可防止上层米因水分蒸发而米粒水分不足，米粒不涨，出现僵饭。然后，再盖好木盖蒸 15min，用木棒将米搅拌 1 次，再蒸 5min，使米饭完全蒸熟。蒸饭的程度以出饭率 150%左右为宜，要求饭粒松散、无白心、透而不烂、熟而不黏。③淋饭。将蒸好饭的蒸桶放于淋饭架上，用冷水浇淋使米饭冷却到 28～30℃。温度不宜过低，以免影响菌种的生长和发育。④拌酒药和酿糟。将淋水后的饭沥去水分，倒入缸中，撒上预先研成细末的酒药。酒药的用量以 50kg 米出饭 75kg 计算，需加白酒药 165～215g，甜酒药 60～100g，应根据气温的高低而适当增减用药量。加酒药后要搅拌均匀，拍平、拍紧，表面再撒一层酒药，中间挖一直径 30cm 的潭，上大下小，潭穴深入缸底，潭底不要留饭。缸体包上草席，缸口用干净草盖盖好，35℃保温，经 20～30h，即可出酒糟。当潭内酒酿有 3～4cm 深时，应将草盖用竹棒撑起 12cm 高，以降低温度，防止酒糟热伤、发红、产生苦味。待满潭时，每隔 6h，将潭内之酒酿用勺拨在糟面上，使糟充分酿制。经 7d 后，把酒糟拌和灌入坛内，静置 14d 待变化完成，性质稳定时，方可供制糟蛋用。品质优良的酒糟色白、味香、带甜味，乙醇含量为 15%左右，波美度 10°左右。如发现酒糟发红，有酸味、辣味，则不可使用。

（2）选蛋击壳：在糟制前 1～2d，将蛋清洗干净，置于通风阴凉处晾干，然后击破蛋壳。其目的在于糟制过程中使醇、酸、糖等物质易于渗入蛋内，并使蛋壳易于脱落和蛋身膨大。击蛋时用力轻重要适当，做到壳破而膜不破。

（3）装坛糟制：取经过清洗、消毒的糟蛋坛，用酿制成熟的酒糟（底糟）4kg 铺于坛底，摊平后，将击破蛋壳的蛋放入。蛋大头朝上插入糟内，蛋间间隙不宜过大，以蛋四周均有糟，且能旋转自如为宜。第一层蛋排好后再放腰糟 4kg，放上第二层蛋。第二层排满后，再用 9kg 面糟摊平盖好，然后均匀地撒上 1.6～1.8kg 食盐。一般第一层放蛋为 50 多枚，第二层放 60 多枚，每坛放两层约 120 枚。

（4）封坛：封坛的目的是防止乙醇和乙酸挥发及细菌的浸入。蛋入糟后密封，标明日期、蛋数、级别，以便后续的检验。

（5）成熟：糟蛋的成熟期为 4.5～5 个月。应逐月抽样检查，以便控制糟蛋的质量。5 个月时蛋壳大部分脱落，或虽有部分附着，只要轻轻地一剥即脱落。蛋白成乳白胶冻状，蛋黄呈橘红色的半凝固状，此时蛋已糟制成熟。

（二）叙府糟蛋的加工

其加工用的原辅料、用具和制糟与平湖糟蛋大致相同，但其加工方法与平湖糟蛋略有不同。

（1）选蛋、洗蛋和击壳：同平湖糟蛋。

（2）原料及配方：鸭蛋 150 枚，甜酒糟 7kg，68°白酒 1kg，红蔗糖 1kg，陈皮 25g，食盐 1.5kg，花椒 25g。

（3）装坛：以上配料（除鸭蛋、陈皮、花椒）混合均匀后，将全量的 1/4 铺于坛底，然后，将击破壳的鸭蛋 40 枚，大头朝上，竖立放在糟中；再加入约 1/4 的酒糟，铺平后再放入鸭蛋 70 枚左右；再加 1/4 的酒糟，放入其余的鸭蛋 40 枚；最后加入剩下甜酒糟，铺平后用塑料膜密封坛口，在室温下存放。

（4）翻坛去壳：在室温下糟制 3 个月左右，将蛋翻出，逐枚剥去蛋壳，保留内膜。这时的蛋已经成为无壳蛋。

（5）白酒浸泡：将剥去壳的蛋放入缸内，加入高度白酒（150 枚需 4kg），浸泡 1～2d。这时蛋白与蛋黄全部凝固，蛋壳膜稍膨胀而不破裂。如有皮裂者，应当作次品取出。

（6）加料装坛：在原有的酒糟中再加入红糖 1kg、食盐 0.5kg、陈皮 25g、花椒 25g、蔗糖 2kg，充分搅拌均匀。按以上装坛方法，将经白酒浸泡的蛋，逐枚取出，一层糟一层蛋，装入坛内，最后加盖密封，储藏于干燥阴凉的库内。

（7）再翻坛：储存 3～4 个月时，须再次翻坛，使糟蛋均匀糟渍，同时剔除次劣糟蛋。翻坛后的糟蛋，仍应浸渍在糟料内，加盖密封，储于库内。从加工开始直至糟蛋成熟，约需 10～12 个月。成熟后的糟蛋蛋质软嫩，蛋膜不破，色泽红黄，气味芳香，可存放 2～3 年。

（三）硬壳糟蛋的加工

（1）原料配方：鸭蛋 100 枚，绍兴酒酒糟 23kg，食盐 1.8kg，黄酒 4.5kg，菜油 50mL。

（2）操作要点：将生糟放入缸内，用手压平，松紧适宜，然后用油纸封好，在油纸上铺约 5cm 厚的砻糠；然后，盖上稻草保温，使酒糟发酵 20～30d，至糟松软；再将糟分批翻入另一缸内，边翻边加入食盐，用酒拌匀捣烂，即可用来糟制鸭蛋。鸭蛋经挑选后，洗净晾干。一层糟一层蛋，蛋与蛋的间隔以 3cm 左右为宜，蛋面盖糟，撒食盐 100g 左右，再滴上 50mL 菜油，封口储放 5～6 个月，至蛋摇动时不发出响声则为成熟。这种糟蛋加工期及储存期较平湖软壳糟蛋长。

（四）熟蛋糟蛋的加工

（1）原料配方：鸭蛋 100 枚，绍兴酒酒糟 10kg，食盐 3kg，醋 0.2kg。

（2）操作要点：将酒糟放在缸内，加入食盐和醋，充分搅拌混合均匀备用。将挑选的鸭蛋洗净后放于锅内，加入清水，以淹没蛋为度，煮沸约 5 min 左右至熟，冷水冷却后剥去外壳，保留壳膜，逐枚埋入糟里，密封坛口，经 40d 左右即成。

## 五、讨论题

1. 糟蛋加工的原理是什么？
2. 不同糟蛋加工工艺有什么异同点？

# 实验九　蛋制品工艺综合实验

## 一、实验目的

1. 熟练掌握蛋类产品的研发流程。
2. 能利用三峡库区特色食品资源开发一种新型蛋类产品。
3. 掌握相关仪器和设备的使用。
4. 培养学生综合运用所需知识的能力，独立分析和解决实际生产问题能力。

## 二、主要仪器、设备和原辅材料

### 1. 主要仪器、设备
食品工程中心设备等。

### 2. 原辅材料
蛋，一种或几种三峡库区特色食品资源，市售各种食品添加剂及香辛料等。

## 三、实验原理

利用前面所学各种蛋制品的制作原理，研发一种新型蛋类产品。采用正交试验或者响应面法对该产品的工艺进行优化。

## 四、实验方法

1. 简述产品的生产工艺流程。
2. 简述产品操作要点。

## 五、产品质量评价

1. 感官评价。
2. 理化分析。
3. 微生物学指标分析。

## 六、结果与分析

1. 对实验结果进行描述。
2. 对实验结果进行分析和讨论。

## 七、综合实验设计要求

每3~5人一组，在查阅相关资料的基础上，完成设计方案说明书，经老师审批后，进行实验并写出综合实验报告。综合性实验的成绩由四个方面组成：设计方案说明书占20%，综合实验报告占40%，产品占30%，课堂表现占10%。

# 第七章 水产品工艺实验

## 实验一 鱼干的制作

### 一、实验目的

1. 掌握干制食品保藏原理。
2. 熟练掌握鱼干的制作工艺。

### 二、主要仪器、设备和原辅材料

#### 1. 主要仪器、设备

菜板、不锈钢刀、腌制缸等。

#### 2. 原辅材料

三峡库区鲫鱼、鲢鱼、草鱼等淡水鱼，食盐等。

### 三、实验原理

鱼的干制，就是靠自然热源或人工热源，通过加温去掉鱼体内的水分，以抑制细菌繁殖和鱼体蛋白分解，达到防腐的目的。鱼的干制品含水量在40%以下，适于较长期的保存。通常干鱼体重为鲜品的20%～40%，体积也较小，便于储藏运输。干制品储藏的质量和食用味道优于腌制品。干制加工可分淡干和咸干两种。

### 四、实验方法

#### (一)淡干的制作

#### 1. 工艺流程(图7-1)

原料 → 剖杀（去内脏、鳃）→ 漂洗 → 出晒 → 翻晒 → 回收 → 出潮 → 再晒 → 包装 → 储藏

图7-1 淡干制作的工艺流程

#### 2. 加工制作

在晴天气温高时将原料鱼随洗随晒。晒鱼的铺垫物最好用竹帘，以利于通风透光和

沥去水分。鱼一般晒 1～2d 可达七八成干。在仓库内堆放数日(出潮处理)后,可转到水泥坪晒至全干,全干标准为能用手压断或折断。如遇雨天,可先用 5%～10% 的石灰水溶液和 7～11 波美度的明矾水浸泡 1～3d 后,再晒干或晾干,但其制品质量较差。全干后待鱼体冷却即可包装,并在包装上标明种类、级别、毛重、净重以及加工日期。淡干制品宜储藏在防潮、防漏、防热和阴凉干燥的库房内。

### (二)咸干的制作

#### 1. 工艺流程(图 7 -2)

原料 ⟶ 剖杀(去内脏、鳃) ⟶ 洗涤 ⟶ 盐渍 ⟶ 洗涤脱盐 ⟶ 干燥 ⟶ 成品 ⟶ 包装 ⟶ 储藏

图 7 -2　咸干制作的工艺流程

#### 2. 加工制作

原料鱼按鱼体大小进行剖割,大型鱼类采用背开,较小型的鱼或鳊、鲶等鱼采用腹开等形式。为提高产品的质量,还可将鱼重 2kg 以上的大型鱼类在剖割时除去头、尾,切成 $4cm^3$ 的鱼块再行腌制。对经剖割除去内脏、鳃后的原料鱼,先清洗干净,再放进竹筐。装筐时须将鱼鳞面向上以沥干生水。腌制时对鱼体(块)撒盐或擦盐,使盐均匀分布在鱼体表面和剖开部分,小杂鱼可采用拌盐法。用盐量按季节和鱼的鲜度而定,一般控制在鱼体重的 10%～17%,腌渍时间为 5～7d,这样既可避免过咸又可缩短干燥时间。腌渍数天后出缸,先用清水洗掉鱼体上的黏液、盐粒和脱落的鳞片,然后放入净水中浸泡约 30min,漂去鱼体表层的盐分(脱盐)并沥去水分后再进行晒制。晒时用细竹片将两扇鱼体和两鳃撑开,再用绳或铁丝穿在鱼的颚骨上,吊在或平铺在晾晒台上,要经常翻动,使鱼体干燥均匀。晒场应干燥通风、地势较高,中午要注意遮阴,防止烈日暴晒,晚上应注意防潮。晒至八成干时再加压 1 晚,使鱼体平整,次日再晒至全干,一般约经 3 d 即可晒成成品。若遇阴雨天气可用机械设备烘干,待冷却后再进行包装。包装时先垫好防潮隔热材料,逐层压紧,然后在包装外面标明品名、规格、毛重、净重以及加工日期,即可入库储藏。

## 五、讨论题

1. 干制食品的保藏原理是什么?
2. 食品干制的方法有哪些?

# 实验二　烤鱼片的制作

## 一、实验目的

1. 掌握水产品干制加工及保藏的原理。
2. 掌握水产品干制的方法。
3. 掌握调味水产干制品加工技术。

## 二、主要仪器、设备和原辅材料

### 1. 主要仪器、设备

不锈钢盘、不锈钢网、不锈钢刀、热风鼓风干燥设备等。

### 2. 原辅材料

鲤鱼、草鱼、鲢鱼等三峡库区淡水鱼(1kg 左右)，白砂糖，食盐，味精，黄酒等。

## 三、实验原理

### 1. 干燥原理

干燥过程是湿热传递的过程。该过程包括了两个基本方面，即热量交换和质量交换。热量交换指热从食品表面传递到食品内部；质量交换指表面水分扩散到空气中，内部水分转移到表面。整个湿热传递过程中，水分的转移和扩散可分为两个过程，即给湿过程和导湿过程。给湿过程指水分从食品表面向外界蒸发转移；导湿过程指内部水分向表面扩散转移。

### 2. 保藏原理

食品中的水分为结合水和自由水两部分。结合水(束缚水)，即食品蛋白质和淀粉吸附的水，与食品呈结合状态，不能作为溶剂，难以干燥排除，无法被微生物、酶和化学反应所利用。游离水(自由水)，存在于食品成分的空隙中，可认为与非水组分结合为零，能够被微生物、酶和化学反应利用。干燥的目的是去除食品中的自由水。

## 四、实验方法

### 1. 选料

小的鲤鱼，先进行刮鳞，去内脏，去头，洗净血污和腹内黑膜。

### 2. 开片

割去胸鳍，一般由头肩部下刀连皮对开下两片，去骨刺。

### 3. 去皮、检片

采用机械或人工去皮，去黑膜、杂质，保持鱼片洁净。

### 4. 漂洗

淡水鱼片含血多，必须洗净。漂洗是提高鱼干片质量的关键，常用的方法是将鱼片装入滤盆内，再把滤盆浸入漂洗盆中，漂洗干净后，捞出沥水。

### 5. 调味

调味液的配方是白砂糖 5%~6%，食盐 1.8%~2%，味精 1.2%，黄酒 1%~1.5%。按比例将沥水后的鱼片加入调味液，渗透 1h，并常翻拌。调味温度控制在 15℃左右。

### 6. 摊片

将鱼片均匀摆放在尼龙网片上，摆放时片与片间距要紧密，鱼肉纹理要基本相似。

### 7. 烘干揭片

采用热风干燥，烘干时鱼片温度以不高于 40℃ 为宜，烘至 2~3h 将其移到烘道外，停放2h，使鱼片内部水分自然向外扩散，然后再移入烘道中干燥。将烘干的鱼片从网上揭下，即得生鱼片。

### 8. 烘烤

烘烤前将生片喷洒适量水，以防鱼片烤焦，然后将生鱼片鱼皮部朝下摊放在烘烤机传送带上，烘烤温度以160~180℃为宜，时间1~2min。

## 五、讨论题

烤鱼片的制作工艺流程、操作要点及注意事项有哪些?

# 实验三　鱼面的制作

## 一、实验目的

掌握鱼面的制作方法和操作要点。

## 二、主要仪器、设备和原辅材料

### 1. 主要仪器、设备

采肉机、斩拌机、轧面机。

### 2. 原辅材料

三峡库区草鱼、白鲢等鱼类，食盐，面粉，黄酒，白砂糖、味精，生姜，鸡蛋等。

## 三、实验原理

鱼面是我国传统的地方特产。此类制品不仅风味独特，而且营养成分齐全，并可提高营养成分的消化吸收率。鱼面一般是利用鱼糜，再加面粉及其他配料，按面条的制作方法加工而成。鱼面制品分生熟两种，与普通面条一样可用来煮食、炒食或炸食。

## 四、实验方法

### 1. 工艺流程(图7-3)

鲜鱼→原料处理→采肉（采肉机）→漂洗→脱水→擂溃（斩拌机）→调料→

和面→轧面（轧面机）→成品

图7-3　鱼面制作的工艺流程

### 2. 操作要点

(1)原料要求：鱼糜的加工原料来源较为丰富，不受鱼种大小的限制，既可以是海水鱼，如鳗鱼、马鲛鱼等，又可以是淡水鱼，如白鲢，草鱼等。鱼的个体以600~800g为宜。原料鱼要求新鲜，不得腐败变质，否则会影响成品的质量。

(2)原料处理：原料处理主要是三去。冻结的鱼从冷库中取出，置于水槽中过夜，利用室温缓慢融化，如果急于融化，可用自来水冲淋。待鱼解冻后，用刀将头从鳃下斩去，然后剖开肚腹，将内脏去除，并将鱼体从鱼脊椎处剖开，但使两片尚连在一起，用自来水冲洗干净，并沥干，去鳞处理。将鱼内脏、头分别收集处理。

采肉可用采肉机。事前先将采肉机清洗干净，注意调节皮带与滚桶之间的松紧程度，以保证采肉的质量。采肉时，剖开的鱼肉部分朝向滚桶，鱼皮朝向皮带，以增加采肉得率，并减少鱼皮被采进鱼糜的量。如有必要可进行两次采肉，第一次先使皮带与滚桶之间保持放松，此时采得的肉质量较好，相应地做出的鱼糜制品的质量也就较高；第二次采肉时，使皮带与滚桶之间绷紧以利于采肉，此次采得的肉质量稍次。采肉结束将鱼糜和骨渣分别称重。

（3）漂洗：由于内脏去除不净，采肉时鱼皮采进鱼糜等原因，往往使采肉所得的鱼糜带有较深的颜色，需进行漂洗处理。漂洗时，将鱼糜置于容器内，放入 3～5 倍水，搅拌后，静置 10～15min，将漂洗在水面的鱼皮等漂浮物掏去，并将水倒出，注意防止鱼糜的流失。第二次漂洗同上。在用水进行的两次漂洗中，鱼肉组织吸水膨胀，不利于后面的脱水，因此，第三次采用盐水漂洗，加盐量为鱼糜重量的 0.5%～1%，盐水漂洗可使鱼肉组织中的水分易于析出。

（4）脱水：漂洗结束，可用滤布将水滤去，并进行充分挤压，以减少鱼糜中的含水量。如果条件允许可以用脱水机或压榨机进行脱水。

（5）擂溃：擂溃是鱼糜生产中的最重要的工序之一。擂溃的工艺操作是影响鱼糜成品弹性的关键所在。擂溃通常用专门的擂溃机或用斩拌机代替。在擂溃过程中要添加淀粉和各种调味料。

参照几种淡水鱼鱼面的配方，现提供以下配方以供参考：鱼糜 100kg，面粉 50kg，食盐 3.5kg，白砂糖 0.6kg，黄酒 1kg，味精 0.2kg，鸡蛋清 5kg，姜汁 0.3kg。

擂溃时，开始先空擂数分钟，加入食盐，充分擂溃，使盐溶性蛋白完全溶出；然后将黄酒、姜汁分多次加入；最后加入面粉，并继续擂溃到均匀为止。擂溃必须使添加的辅料充分混合均匀，并根据具体情况控制擂溃的时间，至鱼糜呈较好的黏着性。

（6）和面：将擂溃好的鱼糜置于砧板上，添加面粉进行揉和。面粉应分多次均匀撒在鱼糜上，不能一次添加太多，以免揉和不匀。揉面基本达到所要求的硬度即可结束。

（7）轧面：轧面对面团硬度要求比较高，若面太软，轧出的面易碎，不成形，可利用轧面机辊压操作使面团硬度达到轧面的要求。具体操作如下：先将轧面机辊轴间距调大（序号为 2），然后将小块面块压成饼状，表面撒一层薄薄的面粉，然后对折，再压，如此反复 3～4 次，然后将辊轴间距调小，依次为 4、6，操作同上，待上述操作完成，就可进行轧面了。轧面时，摇臂用力要均匀，这样就能得到又细又长的鱼面了。

## 五、讨论题

鱼面制作工艺的关键步骤有哪些？

# 实验四　鱼丸、鱼香肠的制作

## 一、实验目的

1. 掌握鱼丸、鱼香肠的工艺过程和技术要求。
2. 理解鱼糜形成的原理。

## 二、主要仪器、设备和原辅材料

### 1. 主要仪器、设备

采肉机、绞肉机、纱布、刀具、不锈钢器具等。

### 2. 原辅材料

草鱼、鲢鱼等三峡库区淡水鱼，盐，味精，猪油，糖，淀粉，鸡蛋等。

## 三、实验原理

将鱼肉绞碎，经擂溃，会产生非常黏稠的肉糊，肉糊经调味混匀，做成一定形状后，进行水煮、油炸、焙烤、烘干、烟熏等加热或干燥处理，就成为具有一定弹性的鱼糜制品。鱼糜制品的口感和味道都别具特色。

鱼糜制品原料来源丰富，不受鱼种、大小的限制，能就地及时的处理旺季的渔货物，从而保证原料的鲜度，有利于防止蛋白质变质。鱼糜制品可按消费者的爱好，进行不同口味的调制，形状可以任意选择，产品的外观、滋味、质地与原料鱼皆不同。鱼糜制品加工较其他水产食品加工更具有灵活性、开放性。鱼糜制品营养价值高，原料鱼在加工过程中会很好的保留自身原有的营养成分，并可加工成为营养配伍科学合理，人体易消化吸收的优质食品。

评价鱼糜制品品质的重要指标之一是制品的弹性，所以在鱼糜制品的加工过程中要注重原料的凝胶形成能。

## 四、实验方法

### (一)鱼丸的制作

#### 1. 工艺流程(图7-4)

原料 ⟶ 预处理 ⟶ 水洗 ⟶ 采肉 ⟶ 漂洗 ⟶ 压榨 ⟶ 精滤 ⟶ 擂溃 ⟶ 成丸 ⟶ 油炸 ⟶ 称量 ⟶ 成品

图7-4　鱼丸制作的工艺流程

#### 2. 操作方法

从原料处理至擂溃部分工艺要求参见鱼面制作工艺中鱼糜部分的处理。擂溃好的鱼糜，放于盆内，进行成丸工序；成丸后，将生鱼丸置于冷水盆内，其目的是使鱼丸成型，避免水煮时发生散丸现象。将生鱼丸于沸水锅中煮至浮于水面，即可捞出，再将生鱼丸投入油锅，用油量一般为投料重量的 10 倍，油炸初期，油温不宜太高，一般控制在 160～180℃，以免鱼丸表面已炸焦而内部还未熟，2min 左右后，可将油温升高至 220～240℃，待鱼丸表面为金黄色即可称量包装。对不同产品分别称量，一般以每250g 为一袋，然后用聚乙烯袋包装。

### （二）鱼香肠的制作

#### 1. 工艺流程（图 7 –5）

原料 → 预处理 → 水洗 → 采肉 → 漂洗 → 压榨 → 精滤 → 擂溃 → 灌肠 → 烟熏 → 称量 → 成品

图 7 – 5　鱼香肠制作的工艺流程

#### 2. 操作方法

鱼香肠的制作工艺从原料至擂溃同鱼丸的制作，只是在加辅料时，盐应少于鱼丸。原因在于水煮鱼丸其盐分在水煮过程中会有部分损失，而鱼香肠并不存在这种问题。另外灌肠时应注意，不要将肠衣灌得太满，应留一些空隙，以免在加热时，鱼糜膨胀而使香肠肠衣破裂。

## 五、讨论题

鱼糜形成的原理是什么？

# 实验五　鱼松的制作

## 一、实验目的

1. 学习鱼松的工艺流程和技术要点。
2. 熟悉相关仪器、设备的使用。

## 二、主要仪器、设备和原辅材料

鲜度标准二级的鱼、原汤汁（猪骨汤或鸡骨汤）、水、酱油、白砂糖、葱、姜、花椒、桂皮、茴香、味精等。

## 三、实验原理

鱼松是用鱼类肌肉制成的绒毛状，色泽金黄的调味干制品。其蛋白质含量高，含有人体必需的氨基酸，维生素 $B_1$、$B_2$、尼克酸及钙、磷、铁等无机盐。鱼松易被人体消化吸收，可满足儿童和病人的营养需求。鱼类的肌纤维长短不同，原料肉色泽、风味都有一定的差异，制成的鱼松状态、色泽及风味也不相同。大多数鱼类都可以制成鱼松，其中以白色肉鱼类制成的鱼松质量较好。

## 四、实验方法

### 1. 加工流程(图7-6)

原料处理 → 蒸煮 → 去皮、骨 → 拆碎、凉干 → 调味炒松 → 凉干 → 包装、成品

图7-6 鱼松制作的工艺流程

### 2. 操作方法

(1)调味料的配制:可根据消费地区、对象的具体情况,将调味料配方作适当调整,使鱼松的风味适合消费者的口味。调味液配方(供15kg原料调味):原汤汁(猪骨汤或鸡骨汤)1kg,水0.5kg,酱油400mL,白砂糖200g,葱、姜共200g,花椒25g,桂皮150g,茴香200g,味精适量。配制时,先将原汤汁放入锅中烧热,然后倒入酱油、桂皮、茴香、花椒、糖、葱、姜等,最好将桂皮等五香料放在纱布袋中,连袋放入,以防夹带到鱼松的成品里去,待煮沸熬煎后,加入适量味精,即取出盛放瓷盘中,待用。

(2)原料处理:新鲜鱼洗净去鳞后即进行腹开,取出内脏、黑膜等,再去头,充分洗净,滴水沥干。

(3)蒸煮:将沥干的鱼放入蒸笼中,蒸笼底上要铺上湿纱布,防止鱼皮、肉粘着和脱落到锅中,放约为锅容量1/3的清水,然后加热,煮沸15min,即可出鱼。

(4)去皮骨:将煮熟的鱼趁热去皮拣骨、鳍、筋等,留下鱼肉,放入清洁白瓷盘内,在通风处凉干,并随时将肉撕碎。

(5)调味与炒松:在洗净的锅中加入生油(最好是猪油),等油熬熟,即将前述经凉干和拆碎的原料倒入并不断搅拌,再用竹帚充分炒松约20min,等鱼肉变成松状,即将调味液洒在鱼松上,随时搅拌,直到色泽与味道适合为止。炒松要用文火,以防鱼松炒焦发脆。

(6)晾放与包装:炒好的鱼松自锅中取出,放在白瓷盘中,冷却后即用塑料袋进行包装。

### 3. 鱼松质量要求

鱼松质量要求色泽金黄,肉丝疏松,无潮团,口味正常,无焦味及异味,允许有少量骨刺存在。理化指标:水分12%～16%,蛋白质52%以上。微生物学指标:无致病菌,0.1g样品内无大肠杆菌。

## 五、讨论题

制作鱼松的工艺流程及操作要点是什么?

## 实验六 调味海带丝的制作

## 一、实验目的

掌握调味海带丝的制备工艺流程与操作要点。

## 二、主要仪器、设备和原辅材料

### 1. 主要仪器、设备

不锈钢锅、案板、不锈钢刀具、封口机等。

### 2. 原辅材料

海带、醋、酱油、白砂糖、味精等。

## 三、实验原理

将淡干海带经过浸醋等处理后，以酱油作为主调料，并加入砂糖和其他调味料一起蒸煮，减少水分，使之具有浓厚的味道，然后用复合包装袋包装。

调味海带的水分含量一般在70%左右，含盐量5%～8%，产品一般用聚乙烯、聚酯或铝箔等复合材料包装，常温保藏可达3个月以上。有些调味海带丝为了耐久保存，经烘干后制成干制品则不包装。在调味海带中，还可以加入各种蔬菜、鱼虾、贝类或其他配料，加工成各种风味的调味食品。

## 四、实验方法

### 1. 浸醋处理

将海带浸入浓度为2%的醋酸水中30s左右，取出放置6～8h，让醋液充分渗透，使海带回软。

### 2. 切断与清洗、沥水

将海带切成丝状或小片状，用清水充分洗去海带上附着的污泥等杂质，然后沥干水分。

### 3. 调味煮熟

（1）调味液的基本配方为每10kg原料海带，加入酱油15～20kg、砂糖8～12kg、味精1.0～1.5kg、水30kg，其他调味料须根据各地的生活习惯和口味要求而定。

（2）调味煮熟。将水洗后的海带丝放在调味液中浸泡2～4h，然后一起倒入加热锅内加热蒸煮。

### 4. 沥汁与冷却

将煮熟的海带放入沥汁容器，并快速吹风冷却至室温。

### 5. 装袋与真空封口

调味后的海带丝，按规定重量进行包装。宜用复合薄膜蒸煮袋或铝箔复合袋真空包装。

### 6. 杀菌与冷却

采用90℃热水杀菌40min。杀菌结束，立即用冷水冷却至室温。

## 五、讨论题

1. 浸醋处理的目的是什么？

2. 简述调味海带丝的制作工艺流程及操作要点？

# 实验七 诸葛烤鱼的制作

## 一、实验目的

1. 掌握诸葛烤鱼的制备工艺流程与操作要点。
2. 熟悉相关仪器、设备的操作和使用。

## 二、主要仪器、设备和原辅材料

### 1. 主要仪器、设备
炭火烤炉、案板、不锈钢刀等。

### 2. 原辅材料
鲤鱼、鲢鱼等三峡库区淡水鱼，醋，酱油，砂糖，味精，大蒜，洋葱，香菜，泡椒等。

## 三、实验原理

烤鱼，一种发源于重庆巫溪县，而发扬于万州的特色美食。在流传过程中，烤鱼融合腌、烤、炖三种烹饪工艺技术，充分借鉴传统渝菜及重庆火锅用料特点，是口味奇绝、营养丰富的风味小吃。

烤鱼制作原料主要有鱼、蘑菇、番茄等。烤鱼是将鱼类经过烤制，然后进行烹饪的一种方法，这种烹调方式实现了"一烤二炖"。

## 四、实验方法

### 1. 选鱼
通过反复的烤鱼实验尝试，大小在 1.5kg 左右的鱼烤制起来最为味美，大则不能入味，小则容易烤焦。

### 2. 切鱼
将 1.5kg 左右的淡水鱼切腹杀鱼洗净后，采用花刀手法，在两侧鱼身上均匀切割。

### 3. 腌制
将切好的鱼从鱼腹掰开，然后用诸葛烤鱼秘制的腌制料均匀地涂抹在鱼的全身，涂抹反复 3 次。

### 4. 炭火烤鱼
用诸葛烤鱼专用的烤鱼夹，将掰开的鱼横向夹住，并在炭火的高温中进行翻烤。一般在烤鱼时，鱼表面温度大约为 200~250℃，中心部分为 100℃ 左右，鱼身的鱼皮略微焦黑，鱼肉烤制八成熟即可。

### 5. 汤汁勾芡
采用诸葛烤鱼专用的调味料，根据不同的味型调制汤汁，比如"传统泡椒味""金牌香辣味""青椒翡翠味""咖喱豆豉味"等，加入适量红油和专用的调味料大火翻炒后，加入少量洋葱、大蒜、土豆条、黄瓜条，亦可根据不同味型添加各种辅菜和涮菜。

### 6. 焦炭炖鱼

采用诸葛烤鱼专用的盛具，专用的盛具炉中放上 2～3 个炭火，然后将烤制好的鱼正确摆放（鱼身朝上，内腹朝下），最后将炒好的汤汁从切口处开始逐步浇在整个烤鱼的身上。

## 五、讨论题

制作烤鱼时为什么炭火烤鱼只烤到八成熟？

# 实验八　淡水鱼烟熏制品的制作

## 一、实验目的

1. 通过烟熏鱼的制作使学生掌握腌制、烟熏等食品加工的常用技术。
2. 了解烟熏制品加工工艺流程。

## 二、主要仪器、设备和原辅材料

### 1. 主要仪器、设备

厨用刀具、不锈钢盆、砧板、高温风干室、低温烟熏机等。

### 2. 原辅材料

草鱼、鲢鱼等鲜活淡水鱼，酱香型白酒酒糟，复配果木木屑熏烟料，食盐，糖，味精，姜，蒜，胡椒，桂皮等香辛料。

## 三、实验原理

以万州鲢鱼、鳙鱼、鲤鱼等淡水鱼为原料，经腌制、调味，然后置于烟熏室中利用熏材缓慢燃烧或不完全燃烧产生的烟气，在一定温度下使水产品边干燥、边吸收木材烟气，熏制一定时间后使水分减少至所需含量，并使制品具有特殊的烟熏风味，从而改善色泽，延长保质期。

## 四、实验方法

### 1. 产品配方

盐渍液配方：食盐 12g/100g，蔗糖 2g/100g，味精 1g/100g，花椒 0.8g/100g，胡椒 1.5g/100g，桂皮 2g/100g，大料 0.8g/100g，料酒 12g/100g，蒜 5g/100g，姜 2g/100g，干酒糟 10g/100g。

### 2. 工艺流程（图 7-7）

鲜活鱼 → 洗涤 → 去鳞 → 剖割 → 去内脏及鱼头 → 清洗 → 低温腌制 → 真空干燥 → 浸渍调味料 → 热风干燥 → 熏制 → 装袋 → 真空封口 → 杀菌 → 冷却 → 包装 → 成品

图 7-7　淡水鱼烟熏制品制作的工艺流程

### 3. 操作要点

（1）预处理：要求原料鱼鲜活，体态完整，色泽正常，无病。将原料鱼置于洁净的砧板上，分别去鳞、去头、去内脏，然后用水洗净鱼体，并将黑色肠系膜去除干净。对个体较大的鱼在其背部斜切两刀，以加速食盐的渗透速率。

（2）低温腌制：沥干水分，按配方要求加入盐、花椒，先用80%的盐和花椒与鱼体拌和均匀，逐条整齐地排列于容器中，然后将20%的盐和花椒均匀撒在腌制鱼体表面最上层作为封顶盐，在低温腌制室中腌制，腌制一段时间后，会形成相当数量的鱼卤。腌制时需上下翻动一次，然后加压以加速食盐的渗透，再腌制入味即可。

（3）真空干燥：腌制后鱼体放在真空干燥机中，温度45℃，时间6～10h，真空度0.08MPa。

（4）浸渍调味料：将真空干燥过的鱼体浸渍在调味料中36h。

（5）热风干燥：将浸渍调味料的鱼体送入热风干燥机中干燥，温度40℃，风速2～5m/s，至鱼体含水量在40%左右。

（6）熏制：采用三种果树木屑复配成的烟熏料，在烟熏室利用低温熏制3h，即得烟熏鱼成品。

（7）冷却及真空包装。

## 五、产品的质量评价

制品的水分含量约35%，体态完整，色泽黄白，边角可以出现焦黄色，有鱼肉香味，无哈喇味，滋味鲜美，咸甜适宜，有一定的咀嚼力度。

## 六、讨论题

1. 烟熏前鱼体水分含量对烟熏品质有什么影响？
2. 烟熏鱼加工工艺中烟熏的作用是什么？

# 实验九　鱼肝油提取和制备

## 一、实验目的

1. 掌握提取鱼肝油的基本原理和基本方法。
2. 计算鱼肝油的成品率。

## 二、主要仪器、设备和原辅材料

### 1. 主要仪器、设备

不锈钢器具、冰箱、组织捣碎机、恒温水浴锅、离心机、真空泵、电磁炉等。

### 2. 原辅材料

大黄鱼肝、精制盐等。

## 三、实验原理

鱼肝脏中一般含有较高的油脂,即鱼肝油。鱼肝油富含维生素 A 和维生素 D,是重要的天然药用资源和保健品资源。鱼肝内油脂主要以两种形态存在,一部分在肝脏细胞中呈游离态,另一部分与蛋白质等结合构成细胞原生质。本试验采用碱液将鱼肝油蛋白组织分解,破坏细胞原生质分离油脂。采用碱液水解提取鱼肝油,其出油率和维生素含量均较高,同时可中和原料中游离的脂肪酸,并具有一定的脱色作用。

目前,工业提炼鱼肝油主要采取淡碱水解法,即采用淡碱液将鱼肝蛋白组织分解,破坏蛋白质与油脂的结合,使鱼肝油得到分离,精制得到清鱼肝油。目前鱼肝油制品主要以乳白色为主。乳白鱼肝油是鱼肝油与乳化剂、调味剂配制而成的鱼肝油乳。

## 四、实验方法

### 1. 工艺流程(图7-8)

原料预处理 → 水解 → 过滤 → 盐析 → 二次离心 —— 水洗 → 低温过滤 → 成品

图7-8 鱼肝油提取和制备的工艺流程

### 2. 操作要点

(1)原料预处理:取新鲜鱼肝用组织捣碎机绞成浆,以提高鱼肝油的出油率。

(2)水解:将鱼肝浆倒入水解锅内,按1:1比例加入适量的水,搅拌加热至40℃,再加入质量分数为8%的 NaOH 溶液,调节 pH 值至9.0继续加热升温至80℃左右,水解1~2h 至肝浆呈现黑色无黏性时即为水解完全。

(3)过滤、离心:水解液过孔径180μm 的筛,滤液通过3000r/min 的离心机,分解水解液得粗鱼肝油。

(4)盐析:配置质量分数为15%的盐水溶液,在不断搅拌下加入粗鱼肝油,加入量约为10%,搅拌均匀后加热至80℃盐析。

(5)二次离心:在转速3000r/min 的条件下离心5min,二次分离。

(6)水洗:取适量80℃的热水,加入鱼肝油中不断搅拌,在保温80℃条件下静置30min,待油水分层后,将油水分离。如此反复,直至洗涤水的 pH 值为7.0。

(7)低温过滤:由于肝油中含有约30%~40%的固体脂肪,凝固点比较高,在低温时会析出结晶,影响产品质量,因此必须除去粗鱼肝油中高凝固点的固体脂肪,以提高产品的质量。方法是将粗鱼肝油逐渐降至常温后放入7~10℃的冷藏柜中预冷7d 左右,再经 -4~ -2℃继续冷却3d 以上,使粗鱼肝油的中心温度降至 -1~0℃,在 -1~0℃条件下压滤,将粗油精制成精油。

## 五、讨论题

1. 淡碱水解法提取鱼肝油,影响出油率的因素有哪些?

2. 淡碱水解法提取鱼肝油的工艺流程及操作要点是什么?

# 实验十　水产品工艺综合实验

## 一、实验目的

1. 熟练掌握水产品的研发流程。
2. 利用三峡库区特色食品资源开发一种新型水产品。
3. 掌握相关仪器和设备的使用。

## 二、主要仪器、设备和原辅材料

### 1. 主要仪器、设备

食品工程中心设备等。

### 2. 原辅材料

一种或几种三峡库区特色食品资源，市售各种食品添加剂及香辛料等。

## 三、实验原理

利用前面所学各种水产品的制作原理，研发一种新型水产品。采用正交试验或者响应面法对该产品的工艺进行优化。

## 四、实验方法

1. 简述产品的生产工艺流程。
2. 简述产品操作要点。

## 五、产品质量评价

1. 感官评价。
2. 理化分析。
3. 微生物学指标分析。

## 六、结果与分析

1. 对实验结果进行描述。
2. 对实验结果进行分析和讨论。

## 七、综合实验设计要求

每 3～5 人一组，在查阅相关资料的基础上，完成设计方案说明书，经老师审批后，进行实验并写出综合实验报告。综合性实验的成绩由四个方面组成：设计方案说明书占20%，综合实验报告占40%，产品占30%，课堂表现占10%。

# 第八章　肉制品工艺实验

## 实验一　烤鸡的制作

### 一、实验目的

1. 熟悉烤鸡的加工工艺。
2. 掌握其与烧鸡、熏鸡的主要区别。
3. 学会混合腌制法。

### 二、主要仪器、设备和原辅材料

**1. 主要仪器、设备**

远红外烤箱、电磁炉、不锈钢锅、天平、冰柜等。

**2. 原辅材料**

白条鸡、香菇、蜂蜜、味精、花椒、大料、食盐、白砂糖、白酒、大葱、姜、丁香、山柰、白芷、蒜、陈皮、草蔻、砂仁、豆蔻、桂皮等。

### 三、实验原理

肉制品的烤制也称烧烤。烧烤制品系指将原料肉腌制，然后经过烤炉的高温将肉烤熟的肉制品。

烤制是利用热空气对原料肉进行的热加工。原料肉经过高温烤制，表面变得酥脆，产生美观的色泽和诱人的香味。肉类经烧烤产生的香味，是由于肉类中的蛋白质、糖、脂肪、盐和金属等物质在加热过程中，经过降解、氧化、脱水、脱胺等一系列的变化，生成醛类、酮类、醚类、内酯、硫化物、低级脂肪酸等化合物。糖与氨基酸之间的美拉德反应，不仅生成棕色物质，同时伴随着生成多种香味物质；脂肪在高温下分解生成的二烯类化合物，赋予肉制品特殊的香味；蛋白质分解产生谷氨酸，使肉制品带有鲜味。

此外，在加工过程中，腌制时加入的辅料也有增香的作用，如五香粉含有醛、酮、醚、酚等成分，葱、蒜含有硫化物。在烤猪、烤鸭、烤鹅时，浇淋用麦芽糖水，烧烤时这些糖与蛋白质分解生成的氨基酸发生美拉德反应，不仅起着美化外观的作用，而且还可以产生香味物质。烧烤前浇淋热水，可使皮层蛋白凝固，皮层变厚、干燥，烤制时，在热空气作用下，蛋白质变性而酥脆。

## 四、实验方法

### 1. 原料选择

选用 1.5～2kg 的肉用仔鸡。这样的鸡肉肉质香嫩，净肉率高，制成烤鸡成品率高，风味佳，经济效益高。

### 2. 整形

将全净膛光鸡，先去腿爪，再从放血处的颈部横切断，向下推脱颈皮，切段颈骨，去掉头颅，再将两翅反转成"8"字形。

### 3. 腌制

将整形后的光鸡，逐只放入腌制缸中，用压盖将鸡压入液面以下。腌制时间根据鸡的大小、腌制液盐浓度、气温高低而定，一般腌制时间为 24h。腌制好后，将鸡捞出晾干。不同腌制浓度对成品烤鸡的滋味、气味和质地影响较大。高浓度腌制液（17%）使得鸡体内的水分向外渗透，肉质相应老些，同时由于肌纤维的收缩，蛋白质发生聚合收缩从而影响芳香物质的挥发，导致鸡体香味不如腌制液浓度为 8% 和 12% 的好，但高浓度盐液渗透性强，短时间即可达到腌制效果。故一般选用 12% 的腌制液较为理想。本次实验腌制液浓度为 5%，时间为 24h。

### 4. 浸烫紧皮

将腌制好的光鸡放入沸水中浸烫处理，处理时间为 30s。

### 5. 填放腹内填料

向每只鸡腹腔内填入生姜 2～3 片，葱 2～3 根，香菇 2 块，然后用钢针绞缝腹下开口，不让腹内汁液外流。处理完成后表面涂蜂蜜。

### 6. 烤制

一般用远红外线电烤炉，先将炉温升至 100℃，将鸡挂入炉内（不同规格的烤炉挂鸡数量不一样）。先将炉温升至 180℃，恒温烤 25～30min，这时主要是烤熟鸡。然后再将炉温升高至 240℃ 烤 20～25min，此时主要是使鸡皮上色、发香，当鸡体全身上色均匀，达到成品红色时立即出炉。出炉后趁热在鸡皮表面涂一层香油，使皮更加红艳发亮，擦好香油后即成品烤鸡。

## 五、讨论题

烤鸡的制作流程是什么？

# 实验二　香肠的制作

## 一、实验目的

1. 了解各种肉品原料的特性及对香肠加工工艺的影响，掌握肉品的加工特性。

2. 根据实验方案，制定香肠产品的评价指标，并根据对产品品质的要求能够进行原辅料的搭配。

3. 通过本实验，模仿实际生产，了解香肠生产的全过程，能够根据需要选择原辅料和添加剂，同时制定生产工艺和产品方案，生产出香肠。

## 二、主要仪器、设备和原辅材料

### 1. 主要仪器、设备

冷藏柜、切丁机、搅拌机、绞肉机、灌肠机、烘箱等。

### 2. 原辅材料

猪肉、食盐、酱油、白砂糖、硝酸钠、白酒、肠衣等。

## 三、实验原理

香肠即腊肠，是指以肉类为主要原料，经切绞成丁，配以辅料，灌入动物肠衣再晾晒或烘焙而成的肉制品。传统中式香肠以猪肉为主要原料，瘦肉不经绞碎或斩拌，与肥膘都切成小肉丁，或用粗孔眼筛板绞成肉粒，不经长时间腌制，而有较长时间的晾挂或烘烤成熟过程，使肉组织蛋白质和脂肪在适宜的温度、湿度条件下在微生物的作用下自然发酵，产生独特的风味。香肠成品有生、熟两种，以生制品为多，生干肠耐储藏。

## 四、实验方法

### 1. 原料肉预处理

生产灌肠的原料肉，应选择脂肪含量低、结着力好的新鲜猪肉、牛肉，要求剔去大小骨头，剥去肉皮，修去肥油、筋头、血块、淋巴结等。选用肥瘦比为3:7的猪后臀肉为宜。瘦肉绞成$0.5\sim1.0cm^3$的肉丁，肥肉用切丁机或手工切成$1cm^3$的丁后用$35\sim40℃$热水漂洗去浮油，沥干水备用。

### 2. 腌制

将绞切后的肉及其他辅料搅拌均匀，搅拌时可逐渐加入20%左右的温水，以调节黏度和硬度，使肉馅更滑润、致密。在清洁室内腌制$0.5\sim2h$，当瘦肉变为内外一致的鲜红色，用手触摸有坚实感，不绵软，肉馅中有汁液渗出，手摸有滑腻感时，加入白酒拌匀，即完成腌制。

### 3. 肠衣的准备

用干或盐腌肠衣，在温水中浸泡柔软，洗去盐分后备用。肠衣用量为每100kg肉馅约需300m猪小肠衣。

### 4. 罐制

将肠衣套在罐嘴上，使肉馅均匀地灌入肠衣中。要掌握松紧程度，不能过紧或过松，同时注意排气和结扎。

### 5. 排气

用消毒后的排气针扎刺湿肠，排出内部空气。

### 6. 捆线结扎

按规格要求每隔 10～20cm 用细线结扎一道。

### 7. 漂洗

将湿肠用 35℃ 左右的清水漂洗 1 次，除去表面污物，然后依次挂在挂架上，以便晾晒、烘烤。

### 8. 晾晒和烘烤

日间将漂洗干净的肠悬挂于日光下晒 2～3d。在日晒过程中，有胀气处应针刺排气。日晒至肠衣干缩并紧贴肉馅后进行烘烤，烘烤温度为 50℃ 左右。若遇阴天，可直接进行烘烤，一般 1～2d。

### 9. 成熟

将日晒或烘烤后的肠悬挂于通风透气的成熟间，20d 左右即可产生腊肠独有的风味。出品率为 65% 左右。

**附：香肠建议配方**

### 1. 广式香肠

原料肉 10kg，食盐 0.22kg，白砂糖 0.5kg，酱油 0.5kg，白酒 0.25kg，亚硝酸钠 1g（用少量水溶解后使用）。

### 2. 麻辣香肠

原料肉 10kg，食盐 0.25kg，白砂糖 0.3kg，酱油 0.1L，白酒 0.2L，味精 20g，花椒粉 15g，胡椒粉 30g，五香粉 30g，辣椒粉 8g，姜粉 20g，硝酸钠 4g（用少量水溶解后使用）。

## 五、注意事项

1. 拌馅时，应按要求拌匀，但须防止搅拌过度，使肉中的盐溶性蛋白质溶出，影响产品的干燥脱水过程。

2. 灌肠时，需要松紧适度，过紧会涨破肠衣，过松会影响成品的饱满结实度。

## 六、讨论题

1. 比较不同香肠的配方和成品特点。

2. 在市场上调查常见香肠品种及其所占市场份额。

# 实验三　西式盐水火腿的制作

## 一、实验目的

1. 了解各种肉品原料的特性及对西式盐水火腿加工工艺的影响，掌握肉品的加工特性。

2. 根据原料方案，制定西式盐水火腿产品的评价指标，并根据对产品品质的要求能够进行原辅料的搭配。

3. 通过本实验，模仿实际生产，了解西式盐水火腿生产的全过程，能够根据需要选择原辅料和添加剂，同时制定生产工艺和产品方案，生产出西式盐水火腿。

## 二、主要仪器、设备和原辅材料

### 1. 主要仪器、设备

冷藏柜、搅拌机、盐水注射机、滚揉机等。

### 2. 原辅材料

猪后腿肉、食盐、白砂糖、三聚磷酸钠、维生素 C、亚硝酸钠、玉米淀粉、大豆蛋白、食用红色素等。

## 三、实验原理

西式盐水火腿是以畜禽瘦肉为原料，经腌制提取盐溶性蛋白，经机械嫩化和滚揉破坏肌肉组织结构，装模成型后蒸煮而成的火腿制品。西式盐水火腿品种繁多，各具独特风味，产品具有良好的成型性、切片性、鲜嫩的口感和很高的出品率。

## 四、实验方法

1. 选用新鲜猪后臂肉作为原料，剔除皮骨、筋腱、肌膜等结缔组织，切成50g左右的肉块，控制肥瘦比为1:9。

2. 按照配方将腌制液配好后与肉搅拌均匀，置于8℃以下冷库或冰箱中腌制48h，腌制期间每隔12h搅拌一次。如果采用盐水注射机，可将配制好的盐水均匀注射到经修整的肌肉组织中，注射量控制在20%～25%，注射工作应该在8～10℃的冷库内进行。注射后可能剩余少量盐水，可将这些盐水用于浸渍肉块，经注射后的肉块应该及时存入2～4℃的冷库内，在滚揉机内腌制16～20h。滚揉到肉块表面裹满盐溶蛋白时即告完成，此时，肉块表面很黏，很像"面拖肉"。

3. 将腌制好的肉与按照配方称好的辅料搅拌均匀后，装入不锈钢专用模具，密封。

4. 当水温达到92℃时放入装好的模具，85℃左右维持2.5～3h。

5. 待模具冷至室温，进行脱模后即为成品。

**附：西式盐水火腿建议配方**

### 1. 腌制液配方

肉10kg，食盐280g，白砂糖200g，三聚磷酸钠40g，维生素 C 4.0g，亚硝酸钠0.4g，水2.5kg。

### 2. 辅料配方

腌制肉10kg，玉米淀粉400g，大豆蛋白400g，水1kg，食用红色素少量。

## 五、注意事项

1. 盐水注射和滚揉都应在8～10℃的冷库内进行。

2. 肉料装模前不宜在常温下久置，否则蛋白质的黏度会降低，影响肉块间的黏着力。充填压模成型一般要抽真空，避免肉料内有气泡，造成蒸煮损失或产品切片时出现气孔现象。

3. 产品在贮藏运输时应始终处于2~4℃的条件下。

## 六、讨论题

试述西式盐水火腿的加工工艺及工艺操作要点。

# 实验四　肉干的制作

## 一、实验目的

1. 了解各种肉品原料的特性及对肉干加工工艺的影响，掌握肉品的加工特性。

2. 根据方案，制定肉干产品的评价指标，并根据对产品品质的要求能够进行原辅料的搭配。

3. 通过本实验，模仿实际生产，了解肉干生产的全过程，能够根据需要选择原辅料和添加剂，同时制定生产工艺和产品方案，生产出肉干。

## 二、主要仪器、设备和原辅材料

### 1. 主要仪器、设备

冷藏柜、蒸煮锅、烘箱等。

### 2. 原辅材料

肉、食盐、白砂糖、酱油、酒、味精等。

## 三、实验原理

肉干是指瘦肉经过烫煮、切丁（条、片）、调味、浸煮、收汤、干燥等工艺制成的干熟肉制品。由于原辅料、加工工艺、形状、产地等的不同，肉干的种类很多。

## 四、实验方法

1. 肉干加工多用牛肉，但现在也用猪、羊、马肉等。选用新鲜的前后腿肉，除去筋腱、肌膜、肥脂等，顺肌纤维方向切成1kg左右的肉块，清水浸泡1h左右，洗去血污备用。

2. 不加任何辅料（为了除异味，可加1~2g/100g的鲜姜），保持水温90℃以上，并及时撇去表面污物，将肉煮至七成熟，以切面呈粉色、无血水为宜，捞出后置筛上自然冷却，汤汁过滤待用，然后切成3.5cm×2.5cm的薄片，要求片形整齐，厚薄均匀。

3. 取重量为肉坯重20%~40%的初煮汤，将配料混匀溶解后再将肉片加入，烧至汤净肉酥出锅，平铺在烘筛上，60~80℃烘烤4~6h即为成品。采用炒干的方法也可制得成品。

**附：肉干建议配方**

**1. 牛肉干**

牛肉 10kg，白砂糖 220g，五香粉 25g，辣椒粉 25g，食盐 400g，味精 30g，曲酒 100mL，茴香粉 10g，特级酱油 300g，玉果粉 10g。

**2. 咖喱牛肉干**

牛肉 10kg，食盐 300g，特级酱油 310g，白砂糖 1200g，白酒 200mL，咖喱粉 50g。

3. 麻辣猪肉干

猪肉 10kg，食盐 350g，特级酱油 400g，老姜 50g，混合香料 20g，白砂糖 200g，酒 50mL，胡椒粉 20g，味精 10g，海椒粉 150g，花椒粉 80g，菜油 500g。

## 五、注意事项

1. 肉块冷却后，切坯时需要大小均匀一致，保证入味均匀。

2. 加入调料进行复煮时，应随着汤汁的减少应不断减小火力。

3. 炒干法干制时，需要注意锅中不加油，不断翻炒，至表面出茸毛出锅。

## 六、讨论题

1. 比较不同肉干的配方、加工工艺和成品特点。

2. 肉干加工工艺的关键工艺有哪些？你认为可以从哪些方面可以提高肉干的商品价值？

# 实验五　肉脯的制作

## 一、实验目的

1. 了解各种肉品原料的特性及对肉脯加工工艺的影响，掌握肉品的加工特性。

2. 根据原料方案，制定肉脯产品的评价指标，并根据对产品品质的要求能够进行原辅料的搭配。

3. 通过本实验，模仿实际生产，了解肉脯生产的全过程，能够根据需要选择原辅料和添加剂，同时制定生产工艺和产品方案，生产出肉脯。

## 二、主要仪器、设备和原辅材料

**1. 主要仪器、设备**

冷冻柜、切片机、压平机、烤箱、烘箱等。

**2. 原辅材料**

肉、食盐、白砂糖、酱油、酒、味精等。

## 三、实验原理

肉脯是指瘦肉经切片（或绞碎）、调味、腌制、烘干、烤制等工序制成的干熟薄片型的肉制品。因原辅料、产地等的不同，肉脯的名称及品种不尽相同。

## 四、实验方法

1. 选用新鲜牛肉作为原料，去除肥膘、筋腱、肌膜等结缔组织，将纯瘦肉冷冻，使其中心温度降至 −2℃，上切片机切成肉片，切片厚度一般控制在 1～3mm。

2. 将切好的肉片与配方中的配料混合均匀后，在不超过 10℃ 的冷库中腌制 2h 左右。腌制过程的目的，一是为了入味，二是使肉中盐溶性蛋白尽量溶出，便于在铺筛时使肉片之间粘连。

3. 肉中加入鸡蛋四个，搅拌均匀，筛网上涂植物油后平铺上腌制好的肉片，切片之间靠溶出的蛋白粘连成片。

4. 将筛网送入烘房内，保持 80～85℃，烘烤 2～3h，使肉片形成干坯，再于 150～180℃ 下烧烤，使肉坯进一步熟化，表面出油至棕红色为止；或者采用 55～75℃ 进行烘烤，前期烘烤温度可稍高，烘烤 2～3h，然后采用 200℃ 左右的温度进行烧烤，至表面油润，色泽深红为止。

5. 烘好的肉片用压平机压平、切片，包装后即为成品。

**附：肉脯建议配方**

**1. 牛肉脯一**

牛肉 10kg，食盐 200g，白砂糖 1.5kg，酱油 300mL，味精 40g，胡椒粉 28g，姜粉 24g，三聚磷酸钠 20g，硝酸钠 3g，白酒 100mL。

**2. 牛肉脯二**

牛肉片 10kg，酱油 0.4kg，食盐 0.2kg，味精 0.2kg，五香粉 30g，蔗糖 1.2kg，维生素 C 2g。

**3. 上海猪肉脯**

原料肉 10kg，食盐 0.25kg，硝酸钠 5g，白砂糖 0.1kg，高粱酒 0.25kg，味精 30g，白酱油 0.1kg，小苏打 1g。

## 五、注意事项

1. 原料处理时，去除肥膘、筋腱、肌膜等结缔组织后，将冷冻的纯瘦肉顺着肌纤维方向切成 1kg 左右的肉块。

2. 冻好的肉块切片时须顺着肌纤维方向，以保证成品不易破碎。

## 六、讨论题

1. 比较不同肉脯的配方、加工工艺和成品特点。

2. 在市场上调查常见肉脯品种及其所占市场份额。

# 实验六　肉松的制作

## 一、实验目的

1. 了解各种肉品原料的特性及对肉松加工工艺的影响，掌握肉品的加工特性。

2. 根据方案，制定肉松产品的评价指标，并根据对产品品质的要求能够进行原辅料的搭配。

3. 通过本实验，模仿实际生产，了解肉松生产的全过程，能够根据需要选择原辅料和添加剂，同时制定生产工艺和产品方案，生产出肉松。

## 二、主要仪器、设备和原辅材料

### 1. 主要仪器、设备

冷藏柜、炒松机、搓松机、跳松机、煮锅等。

### 2. 原辅材料

万州市售猪肉、鸡肉、食盐、白糖、酱油、酒、味精等。

## 三、实验原理

肉松或称肉绒、肉酥。肉松是指瘦肉经煮制、调味、炒松等工艺而制成的丝状干熟肉制品，是一种营养丰富、易消化、使用方便、易于贮藏的脱水制品。肉松实际上是加工成蓬松状的肌纤维丝，除猪肉外还可用牛肉、兔肉、鱼肉生产各种肉松。肉松是亚洲常见的小吃，在蒙古、中国、日本、泰国、马来西亚、新加坡都很常见。

## 四、实验方法

### 1. 猪肉松

(1)选用肉质细嫩、煮之易酥的猪后腿瘦肉为原料，剔去皮、骨、肥肉及结缔组织，切成1.0~1.5kg的肉块。

(2)将肉与香辛料下锅煮烧2.5h左右至熟烂，撇去油筋及浮油，加入上等酱油，煮至汤清油尽，加入蔗糖、味精，调节蒸汽收汁，煮烧共计3h左右。

(3)收汁后移入炒松机炒松至肌纤维松散，色泽金黄，含水量小于20%即可结束。

(4)炒松结束后进行擦松和跳松，跳松结束后趁热包装。肉松的包装塑料袋有20g、50g、100g等，马口铁听装有250g、500g、1000g等。

成品特点：猪肉松纤维蓬松，色黄质干，特别是油分较低，蛋白质含量高，最适于老年人、忌油腻的高血压者及冠心病人食用。

### 2. 鸡肉松

(1)选用肌肉丰满的光鸡，洗净后斩头去爪待用。

(2)将鸡、生姜煮烧3h左右，捞出拆骨，去皮、去油脂、筋腱后，将肉块压碎。

（3）将压碎的鸡肉放入原汤中，加入其他辅料煮沸后，用小火焖煮2～3h，撇尽浮油，收汁。

（4）炒松至肌纤维蓬松，含水量至20%以下，经擦松和跳松后即可包装。

成品特点：鸡肉松成品色白微黄，纤维细长，松软，有弹性，无碎骨，无杂质。

**附：肉松建议配方**

**1. 猪肉松**

瘦肉10kg，酱油1000mL，食盐100g，白砂糖1kg，味精20g，白酒100mL，五香粉70g。

**2. 鸡肉松**

带骨鸡10kg，酱油170mL，生姜50g，白砂糖600g，食盐300g，味精30g，50°高粱酒100mL。

## 五、注意事项

1. 结缔组织的剔除一定要彻底，否则加热过程中胶原蛋白水解后，导致成品黏结成团状而不能呈良好的蓬松状。

2. 煮沸结束后须将油沫撇净，这对保证产品质量至关重要。若不去浮油，肉松不易炒干，炒松时容易糊锅，成品颜色发黑。

3. 煮制时间和加水量视情况而定，肉不能煮的过烂，否则成品绒丝短碎。

4. 肉松由于糖较多，容易塌底起焦，故炒松时需要控制好火力。

## 六、讨论题

1. 比较不同肉松产品的成品特点和配方。

2. 简述肉松色泽和风味形成机理。

# 实验七　微波鸡翅加工工艺优化

## 一、实验目的

鸡翅肉质较多，富含胶原蛋白，具有温中益气、补精添髓、强腰健胃等功效，因而得到消费者广泛喜爱。但鸡翅在传统的烘烤或油炸等加工过程中会产生一些危害消费者身体健康的物质，随着人们生活水平的不断提高和消费心理的转变，人们更加崇尚天然、健康、安全的食品，因此，本实验在充分利用传统鸡翅加工工艺的基础上，结合三峡库区肉鸡资源的优势，以鸡翅为主要原料，以微波炉为加工设备，通过预煮、腌制、烘烤等工序研制出一种新型微波鸡翅，对于促进鸡肉深加工和满足消费者需求具有重要现实意义。

## 二、主要仪器、设备和原辅材料

### 1. 主要仪器、设备

菜刀、台秤、陶瓷碟、电磁炉、不锈钢锅、微波炉、真空包装机、蒸煮机等。

### 2. 原辅材料

鸡翅、食盐、味精、生抽、料酒、焦糖色素、蜂蜜、孜然粉、米酒等。

## 三、实验原理

微波是一种电磁波。微波炉由电源、磁控管、控制电路和烹调腔等部分组成。电源向磁控管提供大约4000伏高压，磁控管在电源激励下，连续产生微波，再经过波导系统，耦合到烹调腔内。在烹调腔的进口处附近，有一个可旋转的搅拌器，因为搅拌器是风扇状的金属，旋转起来以后对微波具有各个方向的反射，所以能够把微波能量均匀地分布在烹调腔内，从而加热熟化食物。

## 四、实验方法

### 1. 工艺流程（图8-1）

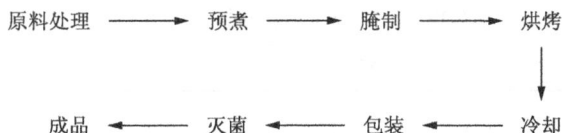

原料处理 ⟶ 预煮 ⟶ 腌制 ⟶ 烘烤

成品 ⟵ 灭菌 ⟵ 包装 ⟵ 冷却

图8-1　微波鸡翅加工的工艺流程

### 2. 操作要点

（1）腌制液配方：食盐4.0%，味精5.0%，生抽9.0%，料酒3.5%，焦糖色素0.2%，蜂蜜8.0%，孜然6.0%粉，米酒5.0%。

（2）原料预处理：选取新鲜同一批次的鸡翅，单个重量30~40g。要求无破皮、无断骨、无残毛、无瘀血，来自非疫区。

（3）预煮：将鸡翅放入预煮锅进行煮制，除去水面的漂浮物。

（4）腌制：把经过预煮的鸡翅放入腌制液中腌制。腌制是通过调味品与食品原料接触后的物理、化学作用，达到入味、去腻、除韧、爽脆和滑感的作用。

（5）烘烤：采用微波进行烘烤。烘烤前先在烤架上抹上一层食用油，将腌好的鸡翅稍稍沥去汤水，放在烤架上烘烤至成熟。

（6）真空包装：烘烤后的鸡翅冷却后采用真空包装机包装。抽真空时间为25s，热封时间为15s，冷却时间为3s。

（7）灭菌：采用水浴灭菌法。水浴灭菌法系利用饱和水蒸气或沸水来杀灭微生物的一种方法，是食品生产中应用最广泛的灭菌方法之一。水浴温度为90~95℃，加热时间为25min，然后在冷却槽中冷却12min，冷却之后的产品方可进行包装出售。

### 3. 微波鸡翅加工工艺优化

以预煮时间、腌制时间、烘烤时间、微波炉功率为研究因素，分别选取3个水平制定因素水平（见表8-1）。在感官评价的基础上通过正交实验优化微波鸡翅的加工工艺条件。

表8-1 微波鸡翅工艺实验因素和水平

| 水平 | 因素 | | | |
| --- | --- | --- | --- | --- |
| | A 预煮时间/(min) | B 腌制时间/(min) | C 烘烤时间/(min) | D 微波功率/(w) |
| 1 | 4 | 4 | 10 | 500 |
| 2 | 5 | 8 | 12 | 800 |
| 3 | 6 | 12 | 14 | 1000 |

### 4. 产品评价的方法

（1）感官检验：感官评价标准见表8-2。

表8-2 感官评价标准

| 项目 | 评分标准 | 满分 |
| --- | --- | --- |
| 色泽和状态 | 色泽呈金黄色，肉质鲜嫩，形状饱满 | 40 |
| 风味 | 风味独特，有肉香味，无焦煳味 | 30 |
| 口感 | 口感鲜美 | 30 |

（2）微生物检验：菌落总数按 GB/T 4789.2 - 2010 检验，大肠菌群按 GB/T 4789.3 - 2003 检验，致病菌按 GB/T 2563 - 2010 检验。

## 五、实验结果

按"3. 微波鸡翅加工工艺优化"流程进行操作，按设计4因素3水平试验，根据产品感官评价标准进行评分，得出结果填入表8-3。

表8-3 正交实验结果表

| 试验号 | A 预煮时间 | B 腌制时间 | C 烘烤时间 | D 微波功率 | 评分 |
| --- | --- | --- | --- | --- | --- |
| a | 1 | 1 | 1 | 1 | |
| b | 1 | 2 | 2 | 2 | |
| c | 1 | 3 | 3 | 3 | |
| d | 2 | 1 | 2 | 3 | |
| e | 2 | 2 | 3 | 1 | |
| f | 2 | 3 | 1 | 2 | |
| g | 3 | 1 | 3 | 2 | |
| h | 3 | 2 | 1 | 3 | |
| i | 3 | 3 | 2 | 1 | |

| 试验号 | A 预煮时间 | B 腌制时间 | C 烘烤时间 | D 微波功率 | 评分 |
|--------|-----------|-----------|-----------|-----------|------|
| K₁ | | | | | |
| K₂ | | | | | |
| K₃ | | | | | |
| 极差 R | | | | | |
| 主次顺序 | | | | | |
| 优水平 | | | | | |
| 优组合 | | | | | |

## 六、实验结论

依据实验的结果，给出影响产品质量各因素的主次顺序及微波鸡翅最佳生产工艺，并对整个实验过程存在的问题进行描述。

# 实验八　酱卤肉制品的制作

## 一、实验目的

1. 了解酱卤肉制品的集中加工产品及原辅料和加工工艺。
2. 掌握酱卤肉制品加工的方法。

## 二、实验原理

酱卤肉制品是我国传统的一大类肉制品，是以畜禽肉及可食副产品为原料，加调味料和香辛料，以水为加热介质煮制而成的具有酱卤制品颜色及风味的肉制品。酱卤制品的调味与煮制是加工该制品的关键因素。肉品经过煮制，其结构、成分都将发生显著的变化，成品具有固定制品形态、风味和色泽。同时，煮制也可以杀死微生物和寄生虫，提高制品的储藏稳定性和保鲜效果。

## 三、主要仪器、设备和原辅材料

### 1. 主要仪器、设备

不锈钢刀具、不锈钢锅、菜板、盐水注射机、滚揉机等。

### 2. 原辅材料

猪肚、猪肋条肉、牛前肩或后臀肉、仔鸭、绍兴黄酒、红曲酒、葱、姜、味精、蔗糖、食盐、各种香辛料等。

## 四、实验方法

### (一)白切猪肚的加工

白切猪肚成品肚面结晶,无异味,食之清香可口,烂中有韧,是很受欢迎的一种大众化传统风味制品。

**1. 配料**

猪肚50kg,桂皮50g,黄酒750g,蔗糖250g,茴香50g,大葱300g,鲜姜200g,精盐1500g(不包括洗原料时用盐),味精100g。

**2. 操作要点**

(1)原料整理:将清洗干净的猪肚擦上食盐(约0.5kg),边擦边揉,然后用清水冲洗干净,再置于80~90℃的热水中浸烫至猪肚缩小变硬即可捞出,刮净黏膜,清洗,沥水。

(2)白烧:加入清水、盐和已装入纱布袋中的桂皮、茴香,烧沸后放入猪肚和葱、姜、黄酒,继续烧30min即起锅,起锅前5min加入蔗糖和味精。

### (二)苏州酱汁肉的加工

苏州酱汁肉为苏州陆稿荐熟肉店所创,一般多在清明至立夏之间制作。本品成品为小方块,色泽鲜艳呈桃红色,肉质酥润,酱香浓郁。

**1. 配料**

猪肋条肉50kg,蔗糖2.5kg,精盐1.4~1.75kg,桂皮100g,绍兴黄酒2.0~2.5kg,红曲酒0.6kg,姜100g,葱2.0kg。

**2. 操作要点**

(1)原料整理:以优质猪肋条肉为原料,刮净毛污,割下奶和奶脯,斩下大排骨的脊骨,留下整块方肋肉,之后切成肉条。肉条宽约4cm,长度不限。肉条切好后砍成4cm见方的肉块,将五花肉、硬膘肉分开。

(2)煮制:根据原料的规格,分批在沸水中白烧。五花肉烧约10min左右,硬膘肉烧约15min。捞起后用清水冲洗干净,去掉油沫污物等,将锅内白汤撇去浮油后全部舀出,在锅内放拆骨的猪头肉六块,放入包扎好的香料纱布袋,在猪头肉上面先放五花肉,后放硬膘肉,如有排骨碎肉可装入小竹篮中,置于锅中间,最后倒入肉汤,用大火煮制1h。

(3)酱汁:当锅内白汤沸腾时加入红曲米、绍兴黄酒和糖(用糖量为总糖的4/5),再用中火焖煮1h左右至肉色为深樱桃红色,汤将干、肉已酥烂时即可出锅。

(4)制卤:酱卤汁的质量关键在于制卤,好卤汁即使肉色鲜艳,又使味道具有以甜味为主、甜中带咸的特点。质量好的卤汁应黏稠、细腻、流汁而不带颗粒。卤汁的制法是将留在锅内的酱汁再加入剩下的蔗糖,用小火煎熬待汤逐渐呈稠状即为卤汁。出售时应在酱肉上浇上卤汁。

### (三)酱牛肉的生产新工艺

酱牛肉的传统制法煮制时间长、耗能多、出品率低。本实验根据西式火腿的加工原理,采用盐水注射、滚揉和低温焖煮等方法制作的酱牛肉,肉质鲜嫩,出品率高。

### 1. 工艺流程(图8-2)

原料肉预处理 ⟶ 配制腌液 ⟶ 注射 ⟶ 滚揉 ⟶ 煮制 ⟶ 成品

图8-2　酱牛肉生产的工艺流程

### 2. 质量控制

(1)原料预处理：选用牛前肩或后臀肉，去除脂肪、筋腱、淋巴、淤血，将其切成2～3kg的小块。

(2)配制注射液(以100kg牛肉计)：将适量的白胡椒、花椒、大料放入20kg水中煮制，然后冷却至30℃左右，加入食盐2kg，品质改良剂2kg，搅拌使其溶化，过滤后备用。

(3)注射：用盐水注射机将配好的注射液注入肉块中。

(4)滚揉：将注射后的牛肉块放入滚揉机中，以8～10r/min的转速滚揉。滚揉的温度控制在10℃以下，滚揉时间为4～6h。

(5)煮制：将滚揉后的牛肉放入85～87℃水中焖煮2.5～3.0h出锅，即为成品。

(6)产品的特点：肉质鲜嫩，表面光亮，出品率高达70%。

## (四)南京咸水鸭的加工

### 1. 配料

当年健康的仔鸭、生姜、葱、八角、盐等。

### 2. 操作要点

(1)清洗：选鸭，宰杀拔毛后，切去翅膀和脚爪，然后在左翅下开膛，取出全部内脏，用清水冲净体内外，再放入冷水中浸泡1h，挂起晾干待腌。

(2)腌制：先干腌，用食盐或八角炒制的盐涂擦鸭体内腔和体表，用盐100～150g，擦后堆码腌制2～4h，然后扣卤，再进行复卤2～3h即可出缸，复卤即用老卤腌制。复卤后的鸭胚，用6cm长的中空竹管插入肛门，再从开口处填入腹腔料，姜2～3片、八角2粒、葱1～2根，然后用开水浇淋鸭体表面，使肌肉和外皮绷紧，外形饱满。

(3)煮制：水中加三料(葱、姜、八角)煮沸，将鸭放入锅中，开水很快进入内腔，提鸭头放出腔内热水，再将鸭放入锅中让热水再次进入腔内，反复3、4次，依次将鸭胚放入锅中，压上竹盖使鸭全浸在液面以下，焖煮20min左右，此时锅中水温在85℃左右，20min后加热升温到水似开而未开时，提鸭倒汤，再入锅焖煮20min左右。第二次再升温至90～95℃时，再次提鸭倒汤，然后焖5～10min，即可起锅。在焖煮过程中水不能开，应始终维持在85℃左右，否则水开肉中的脂肪溶化，肉质变老，失去鲜嫩特色。

(4)冷却切块：煮好的盐水鸭，冷却后切块，取煮鸭的汤汁适量，加少量的食盐和味精，调制成最适口味，浇于切块鸭肉上，即可食用。切块必须冷却后切，否则肉质易流失，切块不成形。

### 3. 产品质量评价

按色、香、味、形和嫩的标准对该产品的品质进行评价。

## 五、讨论题

1. 酱卤肉制品的分类有哪些？
2. 南京盐水鸭生产工艺流程及操作要点是什么？

# 实验九　清蒸原汁类肉罐头的制作

## 一、实验目的

1. 了解肉类罐头的加工所需原辅材料。
2. 掌握清蒸原汁类肉罐头的制作方法。

## 二、主要仪器、设备和原辅材料

### 1. 仪器、设备

刀、绞肉机、冰箱、封罐机、杀菌锅、蒸煮锅等。

### 2. 原辅材料

猪肉、盐、胡椒粉等。

## 三、实验原理

畜禽屠宰后，本身的酶类和污染的微生物会导致其腐败变质。组织酶的抗热性不强，通常在装罐前的热处理过程中就会失活，而微生物的耐热性一般比酶强，因此，罐藏食品的热处理杀菌对象主要是腐败微生物。杀菌的作用是杀灭罐内残留的微生物，保证食品的安全性和食用价值，同时还能够改善食品风味。

清蒸原汁类肉罐头是肉类罐头中生产过程比较简单的一类罐头。它的基本特点是最大限度地保持各种肉类的风味。原料经初步加工后，不经烹调而直接装罐，罐内仅加入食盐、胡椒、洋葱、月桂以及猪皮等原料。这类产品有原汁猪肉、清蒸猪肉、清蒸牛肉、清蒸羊肉、白烧鸡、白烧鸭、去骨鸡、去骨鹅等。

## 四、实验方法

### 1. 工艺流程(图8-3)

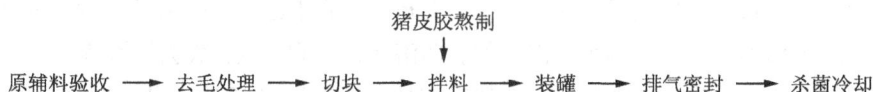

猪皮胶熬制

原辅料验收 ⟶ 去毛处理 ⟶ 切块 ⟶ 拌料 ⟶ 装罐 ⟶ 排气密封 ⟶ 杀菌冷却

图8-3　清蒸原汁类肉罐头制作的工艺流程

### 2. 操作要点

(1)原辅料验收：经宰前、宰后兽医卫生检验合格的肉方可使用，为保证成品的品质，不能使用配种猪、产仔的母猪、黄膘猪作为加工原料。为使产品具有良好的风味，不要使用冷冻两次或超期冷藏的肉。拌料中所用的白胡椒粉应干燥、无霉变、无杂质、香辣味浓郁。

（2）处理：去皮、剔骨后的猪肉，除去多余的肥膘，控制肥膘度为1~1.5cm，然后将肉切成3.5~5cm的小方块，每块质量50~70g。

（3）拌料：不同部位的肉分别拌料，以便装罐时搭配。表8-4所示为拌料比例表。

表8-4 拌料比例表

| 物料 | 质量 |
|------|------|
| 肉块/(g) | 100 |
| 精盐/(g) | 0.8 |
| 白胡椒粉/(g) | 0.05 |
| 猪皮胶/(%) | 4.5 |

（4）猪皮或猪皮胶的制备：取新鲜的背部猪皮，清洗干净，于沸水中煮10min取出，冷水冷却，拔毛，然后切成5~7cm宽的长条，于-2~5℃（最大冰晶带）中冻结2h，破坏皮组织结构，上绞肉机绞碎，而后置于冰箱中冷藏备用。猪皮胶的制备是在上述煮沸后，按1:2的皮水比，微沸熬煮，至质量分数为14%~16%，即可过滤使用。

（5）排气密封：原辅料装罐后，把瓶罐的旋口盖盖上并旋进少许，将瓶放入杀菌锅中，加至淹没瓶罐的一半处，常压下沸煮30min，使罐内组织间空气充分逸出，然后迅速旋紧瓶盖，进行杀菌。

（6）杀菌冷却。

## 五、思考题

1. 肉类罐头的杀菌条件是如何确定的？
2. 简述清蒸原汁类肉罐头制作工艺流程和操作要点？

# 实验十 肉制品工艺综合实验

## 一、实验目的

1. 熟练掌握肉类产品的研发流程。
2. 能利用三峡库区特色食品资源开发一种新型肉类产品。
3. 掌握相关仪器和设备的使用。

## 二、主要仪器、设备和原辅材料

### 1. 主要仪器、设备
食品工程中心设备、肉制品加工实验室设备等。

### 2. 原辅材料

一种或几种三峡库区特色食品资源，市售各种食品添加剂及香辛料等。

## 三、实验原理

利用前面所学各种肉制品的制作原理，研发一种新型肉类产品。采用正交试验或者响应面法对该产品的工艺进行优化。

## 四、实验方法

1. 简述产品的生产工艺流程。

2. 简述产品操作要点。

## 五、产品质量评价

1. 感官评价。

2. 理化分析。

3. 微生物学指标分析。

## 六、结果与分析

1. 对实验结果进行描述。

2. 对实验结果进行分析和讨论。

## 七、综合实验设计要求

每3～5人一组，在查阅相关资料的基础上，完成设计方案说明书，经老师审批后，进行实验并写出综合实验报告。综合性实验的成绩由四个方面组成：设计方案说明书占20%，综合实验报告占40%，产品占30%，课堂表现占10%。

# 第九章 发酵食品和调味品工艺实验

## 实验一 低盐固态酱油的制作

### 一、实验目的

1. 熟悉低盐固态酱油制作的基本工艺流程。

2. 掌握低盐固态酱油制作过程中需要注意的事项和操作要点。

### 二、主要仪器、设备和原辅材料

**1. 主要仪器、设备**

粉碎机、蒸煮锅、发酵箱、包装机等。

**2. 原辅材料**

豆饼、麦片、食盐、曲种等。

### 三、实验原理

低盐固态酱油是以脱脂大豆(或大豆)及麸皮、麦粉等为原料,经蒸煮、制曲,并采用低盐(食盐6%~8%),固态(水分为50%~58%)发酵生产的酱油。低盐固态酱油发酵温度高,发酵时间短,其发酵分前期水解阶段和后期发酵阶段。前期主要是使原料中的蛋白质依靠微生物的蛋白酶和肽酶的催化作用水解生成氨基酸,淀粉则依靠淀粉酶的作用水解成糖分。因为酱油酿造以蛋白质原料为主,所以首先要考虑蛋白质的水解作用,发酵前期温度采用蛋白酶和肽酶作用的最适温度42~45℃,一般要10d左右,水解即已基本完成。后期发酵阶段需要在固态酱醅上补加适量食盐水,使之成为含盐量高的稀酱醪,同时要求酱醪温度迅速降至30~35℃,让耐盐酵母菌和乳酸菌协同作用,逐渐产生酱油香气,直至酱醪成熟。后期发酵阶段所需时间为20d左右,整个发酵周期为1个月。

## 四、实验方法

### 1. 工艺流程(图9-1)

原料混合、润水和蒸熟 ⟶ 制曲、接曲 ⟶ 发酵 ⟶ 浸出 ⟶ 批兑、灭菌、澄清

⟶ 成品 ⟶ 包装

图9-1 低盐固态酱油制作的工艺流程

### 2. 配方

豆饼35kg,麦片15kg,食盐15kg,曲种100g。

### 3. 操作要点

(1)原料处理:将豆饼粉碎至颗粒直径为2~3mm,在70~80℃热水中浸润适当时间后,再加入麸皮混匀。采用旋转蒸罐蒸料,压力为0.15~0.20MPa(蒸汽压),保压时间为5~15min。熟料的标准为色泽呈淡黄褐色,有香味及弹性,无硬心及浮水,不黏,无异味,水分含量为46%~50%,消化率≥80%。

(2)制曲:当熟料冷却到45℃以下,接入曲种2%~4%,混合均匀,移入曲箱中,保持30~32℃,厚度25~30cm,相对湿度90%,制曲时间26~44h。制曲过程中应进行1次翻曲和1~2次铲曲。最终成曲质量要求为曲料疏松柔软,有弹性,菌丝丰富,孢子饱满,嫩黄色,具有成曲特有香气,无异味,水分含量为28%~34%(1日曲)或22%~28%(2日曲),成曲蛋白酶活力≥1000U/g(以干基计,福林法)。

(3)发酵:首先制备盐水,即将食盐加入水中溶解,澄清后使用,盐水浓度为12~13波美度(20℃),盐水温度45~55℃。将成曲适当破碎后,加入一定量的盐水,使酱醅初始水温为50~55℃。

(4)发酵:发酵分为前期水解阶段和后期发酵阶段。

前期水解阶段主要是曲料中的蛋白质和淀粉在酶的作用下被水解。因此,前期品温应控制在蛋白酶的最适作用温度(42~45℃),维持10d左右完成水解。曲料入池后的第2天,开始进行浇淋,每天1~2次,以后可减少浇淋次数至3~4天1次。浇淋是用泵抽取渗流在假底下的酱汁并回浇于酱醅表面层的过程。浇淋使酱汁均匀地透过酱醅下渗,从而增加酶与底物的接触,促进底物彻底分解,同时起到调节品温的作用。

后期发酵的主要目的是利用耐盐乳酸菌和酵母菌的发酵作用形成酱油的风味。进入后发酵阶段时,应补加适量的浓盐水至酱醅的含盐量达到15%左右,同时降低酱醅温度至30~32℃,此时,将酵母菌培养液和乳酸菌培养液浇淋于酱醅上,也可以利用野生的酵母菌和乳酸菌进行发酵,直至酱醅成熟。在此期间,需要进行数次酱汁浇淋。通常,发酵阶段需要14~20d。

(5)浸出:首先淋池底部应接缝严密,铺装平整,然后可采用两种方法进行醅料入淋。第一种方法是移位浸出,即先将成熟酱醅装入淋池,做到松、散、平,醅层厚度一般为30~40cm;第二种是原位浸出,即在制醅入池时兼顾浸出要求,发酵过程设法保持醅料疏松平整。一般采用循环三淋法,浸淋三遍。以前批二淋水溶盐加热后进行初次

浸泡，淋出头油为生酱油；以前批三淋水加热后做第二次浸泡，淋出二淋水用作下批酱醅初次浸泡；以清水加热后做第三次浸泡，淋出三淋水用作下批酱醅第二次浸泡。

浸泡温度：浸泡液加热器的出口温度为90～100℃。

浸泡时间：初次浸泡6～10h；二次浸泡4～8h；三次浸泡2～4h。

放油时间：放头油、二淋速度较慢，酱醅不宜露出液面，而放三淋速度较快，充分淋干。

(6)酱油批兑、澄清：不同批次的头油通过批兑达到标准等级，并保持规格一致性。根据需要，准确计量使用必要的食品添加剂，并保证混合均匀。

酱油加热灭菌后，静置澄清5～7d可过滤。

### 4. 质量要求

低盐固态酱油质量标准应符合GB/T 2717−2018的相关规定。

## 五、讨论题

1. 简述低盐固态酱油的生产工艺及操作要点。

2. 低盐固态酱油在生产过程中应注意哪些关键点？

# 实验二　低盐豆瓣酱的制作

## 一、实验目的

理解豆瓣酱加工的基本原理，掌握豆瓣酱加工的基本工艺流程和操作要点。

## 二、主要仪器、设备和原辅材料

### 1. 主要仪器、设备

发酵罐、不锈钢蒸锅、筐、灭菌锅等。

### 2. 原辅材料

黄豆，面粉，曲精(米曲霉)，食盐，辣椒酱，香料(花椒、胡椒、八角、干姜、山奈、小茴香、桂皮、辣椒等)，米酒，植物油等。

## 三、实验原理

豆瓣酱是以蚕豆或黄豆为主要原料，经制曲、发酵而酿造出来的调味酱。豆瓣酱的发酵过程是利用微生物的代谢作用，将原料分解，产生酸、醇、酯等风味物质，进而形成豆瓣酱的独特风味，能助消化、开口味，是一种深受消费者欢迎的方便食品。

## 四、实验方法

### 1. 工艺流程(图9-2)

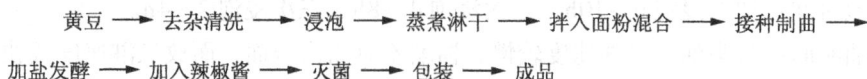

黄豆 ⟶ 去杂清洗 ⟶ 浸泡 ⟶ 蒸煮淋干 ⟶ 拌入面粉混合 ⟶ 接种制曲 ⟶

加盐发酵 ⟶ 加入辣椒酱 ⟶ 灭菌 ⟶ 包装 ⟶ 成品

图9-2 低盐豆瓣酱制作的工艺流程

### 2. 操作要点

(1)原料的预处理:①去杂。选择颗粒饱满、均匀、新鲜、无霉烂、无虫蛀、蛋白质含量高的大豆。②清洗。将大豆洗净,去除泥土杂物及上浮物。③浸泡。将大豆放入容器中,加水浸泡,以豆内无白心,用手捏容易成两瓣为适度。④蒸煮。目前常用常压和分压两种蒸煮方法。蒸熟的程度以大豆全部均匀熟透,既软又不烂,保持整粒又无夹心为最佳状态。

(2)制曲:称取干豆瓣重40%的标准面粉和0.3%~0.5%的沪酿3.042中曲孢子,与冷却的豆瓣拌和,使面粉和菌种吸附在豆瓣表面。

(3)发酵:按每100kg豆瓣曲,加水100kg,食盐25kg的比例配制发酵盐水,先将盐水烧开,再放入装有少量花椒、胡椒、八角、干姜、小茴香、桂皮、陈皮等香料的小白布袋煮沸3~5min后取出布袋,将煮沸的溶液倒入配制溶解食盐水的缸中,把成曲倒入发酵缸中。曲料入缸后,发酵缸内很快会升温至40℃左右,此时要注意每隔2h左右将面层与缸底层的豆瓣酱搅翻均匀,待自然晒露发酵1d后,每周翻倒2~3次。

(4)调风味——辣豆瓣酱:辣豆瓣酱是以1∶1的比例在发酵成熟的原汁豆瓣酱中加入熟辣椒酱,再加入2%的米酒充分搅拌均匀。

(5)灭菌:将豆瓣酱装入已经蒸汽灭菌冷却的消毒瓶内,装至离瓶口3~5cm为止,随即注入精制植物油于瓶内2~3cm。

(6)包装:排气加盖旋紧,检验,贴商标。

## 五、豆瓣酱的感官评价

### 1. 感官指标

(1)色泽:酱体赤红色或红褐色,鲜艳,有光泽,表面允许有部分油脂析出。

(2)香气:有浓郁的酱香味和芬芳的酯香味。

(3)滋味:味鲜醇厚。

(4)状态:黏稠适度,无杂质,料质均匀,黏稠适中,乳化效果好。

### 2. 理化指标

固形物含量≥30%;食盐7%~12.5%;砷≤0.5mg/kg;铅≤1.0mg/kg。

### 3. 微生物指标

大肠菌群MPN/dL≤30;致病菌不得检出。

## 六、讨论题

1. 影响豆瓣酱质量的因素有哪些?

2. 如何防止豆瓣酱在制曲发酵过程中发生腐烂变质?

# 实验三　甜面酱的制作

## 一、实验目的

1. 熟悉甜面酱的制备工艺流程。

2. 掌握甜面酱在制备中的操作要点。

## 二、主要仪器、设备和原辅材料

### 1. 主要仪器、设备

蒸煮锅、发酵装置等。

### 2. 原辅材料

面粉、食盐、水、酵母粉、米曲霉等。

## 三、实验原理

甜面酱,又称甜酱,是以面粉为主要原料,经制曲和保温发酵制成的一种酱状调味品。其味甜中带咸,同时有酱香和酯香,适用于烹饪酱爆和酱烧菜。甜面酱经历了特殊的发酵加工过程,它的甜味来自发酵过程中产生的麦芽糖、葡萄糖等物质,鲜味来自蛋白质分解产生的氨基酸,食盐的加入则产生了咸味。甜面酱含有多种风味物质和营养物,不仅滋味鲜美,而且可以丰富菜肴营养,增加菜肴可食性,具有开胃助食的功效。

## 四、实验方法

### 1. 工艺流程(图9-3)

原料 → 洗涤 → 浸渍 → 蒸煮 → 冷切、种曲 → 制曲 → 加盐水 → 发酵 → 后熟 → 成品

图9-3　甜面酱制作的工艺流程

### 2. 配方

面粉1kg,水0.05kg,酵母粉0.01kg,食盐0.02kg,曲种30g。

### 3. 操作要点

(1)原料处理:以面粉100份,约加清水40份,充分揉匀,再在杠杆下压揉至取样检查无生粉夹心为度。切成长约30cm,宽10~15cm的块状,分层上甑蒸熟。

(2)制曲:机糕蒸熟后,立即摊开排降表面水分,冷却后按原料总重的0.3%接种米曲霉种曲。将面糕就地立堆于草席上,与地面约成10~15°角,表面加覆草垫保温。

48h 后，品温升至 40℃ 上下，即应进行翻堆，翻堆后品温再次上升，最高可达 50℃，根据温度高低，决定翻堆次数。一般每日翻 1～2 次，连续 3d，翻堆时必须将原来直立的面糕逐一倒转，并渐渐堆高。5～6d 后改大堆垛，垛顶留 30cm 直径的孔，以排除水分。再堆置 5～6d，至垛顶不再有水雾冒出，即将面糕移至烈日下晒干。正常的面糕曲断面应呈白色松散的粉状，质地轻而松脆，清香，口尝有甜味。晒干后，打碎成直径 2～3cm 的小块。

（3）发酵：面糕块按重量添加 1 倍的 16 波美度的盐水（盐水调制时可添加部分米酒，但最终盐水浓度不应低于 16 波美度），拌匀后下缸，置日光下曝晒。次日翻一次，3d后再翻一次，以后每日至少翻 2～4 次，夏季约 5 个月成熟，磨细出售。

（4）贮存：酱醪成熟后，应进行磨细过滤制成面酱，在低于 15℃ 气温条件下贮存。

本产品色泽金黄，口味甜腻，醇香鲜美，下锅不煳。每 100kg 面粉产甜面酱150～170kg。

### 4. 质量要求

甜面酱质量标准应符合 SB/T 10296－2009 的相关规定。

（1）感官要求：外观色泽应为黄褐色或红褐色，有光泽，具有酱香和酯香气，无不良气味，同时甜咸适口，味鲜醇厚，无酸、苦、焦煳及其他异味，黏稠适度，无杂质。

（2）理化指标：理化指标符合表 9－1 甜面酱理化指标。

表 9－1　甜面酱理化指标

| 项目 | 指标 |
| --- | --- |
| 水分/（g·100g$^{-1}$） | ≤55.0 |
| 食盐（以 NaCl 计）/（g·100g$^{-1}$） | ≥7.0 |
| 氨基酸态氮（以氮计）/（g·100g$^{-1}$） | ≥0.3 |
| 还原糖（以葡萄糖计）/（g·100g$^{-1}$） | ≥20.0 |

（3）微生物指标

微生物指标应符合 GB/T 2718－2018 的规定。

## 五、讨论题

1. 简述甜面酱的生产工艺流程及操作要点。
2. 简述甜面酱制作的基本原理。

# 实验四　米醋的制作

## 一、实验目的

1. 熟悉米醋的制备工艺流程。
2. 掌握米醋在制备过程中的关键工序。

## 二、主要仪器、设备和原辅材料

### 1. 主要仪器、设备
蒸煮锅、灭菌锅、发酵罐、酒精度计、灌装装置等。

### 2. 原辅材料
大米、酒曲、水、醋醅等。

## 三、实验原理

米醋是以谷子、高粱、糯米、大麦、玉米、红薯、酒糟、红枣、葡萄、柿子等粮食和果品为原料，经过发酵酿造而成的产品。它历史悠久，是一种非常好的调味品。米醋含少量醋酸，玫瑰红色而透明，香气纯正，酸味醇和，略带甜味，适用于蘸食或炒菜。据现有文字记载，米醋起源于中国，至少有三千年以上的历史。根据原料不同，米醋可分为糙米醋、糯米醋和水果醋等。米醋是多种醋类中营养价值较高的一种，含有丰富的碱性氨基酸、糖类物质、有机酸、维生素 $B_1$、维生素 $B_2$、维生素 C、无机盐、矿物质等。研究表明常吃米醋对预防心脑血管疾病有益。

## 四、实验方法

### 1. 工艺流程（图9－4）

原料处理 ⟶ 蒸熟拌曲 ⟶ 入坛发酵 ⟶ 加水醋化 ⟶ 成品着色 ⟶ 装瓶 ⟶ 包装

图9－4　米醋制作的工艺流程

### 2. 配方
糯米 50kg，酒药 2kg，湿淀粉 80kg，鲜酒精 80kg，麸皮 50kg，谷糠 50kg，块曲 20kg，酵母 10kg，食盐 6kg。

### 3. 操作要点
（1）蒸熟拌曲：将糯米浸渍，水层比米层高出 20cm 左右。浸渍时间冬春气温 15℃ 以下时为 12～16h；夏秋气温 25℃ 以下时，以 8～10h 为好。浸渍后，捞起糯米放在甑上蒸至上汽后，再蒸 10min，向米层洒入适量清水，再蒸 10min。此时米粒膨胀发亮、松散柔软、嚼不粘牙即已熟透，此时下甑，再用清水冲饭降温。待水分沥干后，将米倒出摊铺在竹席上，拌入酒曲药。若是采用其他原料，均要粉碎成湿粉，然后上甑蒸，冷却后拌曲。

（2）入坛发酵：酿酒的缸应以口小肚大的陶坛为好，把拌曲后的原料倒入坛内。冬春季节坛外加围麻袋或草垫保温，夏秋季节注意通风散热。酿醋室内温度以 25～30℃ 为宜，经 12h，曲中微生物逐渐繁殖起来，24h 后即可闻到轻微的酒香，36h 后酒液逐渐渗出，色泽金黄，甜而微酸，酒香扑鼻。这说明糖化完全，酒化正常。

（3）加水醋化：入坛发酵过程中，糖化和酒化同时进行，前期以糖化为主，后期以酒精发酵为主。为使糖化彻底，还要继续发酵 3～4d，促使生成更多的酒精。当酒液开始变酸时，每50kg米饭或淀粉，加入清水4～4.5倍，使酒液中的酒精浓度降低，以利其中醋酸菌繁殖生长，自然醋化。

(4)成品着色：一般冬春季节40～50d，夏秋季节20～30d，醋液即变酸成熟。此时醅面有一层薄薄的醋酸菌膜，有刺鼻酸味。成熟品上层醋液清亮橙黄，中下层醋液为乳白色，略有混浊，两者混合即为白色的成品醋。一般每百公斤糯米可酿制米醋450kg。

在白醋中加入五香、糖色等调味品，即为香醋。老陈醋要经过1～2年时间，由于高温与低温交替影响，浓度和酸度会增高，颜色加深，品质更好。

**4. 质量要求**

米醋质量标准应符合 GB/T 18187 – 2000 的相关规定。

## 五、讨论题

1. 简述米醋的生产工艺流程及操作要点。
2. 食用米醋对身体有哪些益处?

# 实验五　黄酒的制作

## 一、实验目的

1. 熟悉酒曲的制备。
2. 掌握黄酒的制作工艺。

## 二、主要仪器、设备和原辅材料

**1. 主要仪器、设备**

蒸煮锅、发酵罐、酒精度计、压榨装置、灌装装置等。

**2. 原辅材料**

大米、酒曲、水等。

## 三、实验原理

黄酒是世界上最古老的酒类之一，源于中国，且唯中国有之，与啤酒、葡萄酒并称世界三大古酒。黄酒以大米、黍米、粟为原料，在一定条件下经发酵而来，一般酒精含量为14%～20%，属于低度酿造酒。黄酒香气浓郁，甘甜味美，风味醇厚，并含有氨基酸、糖、醋、有机酸和多种维生素等，是烹调中不可缺少的主要调味品之一。经过数千年的发展，全国黄酒的品种不断扩大。按酒的产地可分为代州黄酒、绍兴酒、金华酒、丹阳酒、九江封缸酒、山东兰陵酒等；按酿造时所使用的曲种可分为麦曲黄酒和红曲黄酒；按含糖量的高低可分为干黄酒、半干黄酒、半甜黄酒和甜黄酒。

## 四、实验方法

### 1. 工艺流程(图9-5)

制曲 ⟶ 浸米 ⟶ 蒸饭 ⟶ 拌曲 ⟶ 入缸发酵 ⟶ 压榨 ⟶ 煎酒 ⟶ 装瓶 ⟶ 包装

图9-5 黄酒制作的工艺流程

### 2. 配方

大米10kg,纯净水9.5kg,培养曲1.0kg,酒药0.28kg。

### 3. 操作要点

(1)制曲:提前半年制曲,选择在炎热的夏天,利用麦仁、酵子、麻叶等经过装填、发酵而制成传统的酒曲,使用该酒曲酿造出来的黄酒不但酒香四溢而且也更加传统和古朴。

(2)浸米:做黄酒时要选用煮酒专用的小米,俗称"酒米"。如果市场上没有酒米出售可以使用糯米代替。在冬季,酒米可放在室内浸泡24h左右,要保证酒米一直被水淹没,防止酒米离水变酥,浸泡后捞出沥干水分。浸泡的目的是保证在煮黄酒的过程中酒米可以熟透,没有夹生现象。

(3)蒸饭:先在锅中放2/3的水,水烧开后,放入酒米。酒米和水的比例要适中,水分太多煮出来的酒颜色浅、酒质不好,水少的话酒米容易返生,黄酒容易变酸。酒米放入锅内之后使用香椿木手柄不停地搅动,使酒米受热均匀,既可避免锅底结渣,又可使酒质更加醇香。随着锅内水分不断蒸发,酒米也变得越来越黏稠,这时要加快搅拌的频率,同时要观察锅中酒米的颜色变化情况,在水分过少的情况下,可以在锅的周边添加烧开的热水。随着时间的变化,锅内的酒米由于高温变成深褐色,在酒米变成深褐色之后可以捻一下米粒,如没有硬芯,表明米已煮好,立即停止烧火。

酒米要蒸到外硬内软,无夹心,疏松不煳。酒米熟透均匀后不要马上掀开锅盖,待锅内冷却后再出锅;出锅后将米打散,再摊盘晾至28℃以下,之后置入缸中。

(4)拌曲、入缸发酵:把煮好的酒米用铲子铲到事先准备好的簸箕内,上面颜色比较重的酒米,是在锅底部由于高温造成的,这是传统方法酿造黄酒的一个重要的标志。把煮好的小米摊平散热,待散热之后,拌进大曲,放在缸底部的可以多拌大曲,放在上面的可以适当地少放大曲,这样有利于黄酒的发酵。此外,也可以利用陈年老酒酒糟帮助发酵。一般0.5kg麦曲可以发酵5kg左右的小米。

发酵是酿造黄酒的一个重要的环节,手工黄酒酿造遵循古法,采用传统的冬酿工艺。冬至前后酿造出来的黄酒由于室内温度低,发酵时间长,黄酒的营养也更加的丰富。冬酿黄酒的发酵室温一般控制在10℃左右,过高的温度容易导致黄酒快速发酵而变酸。一般冬酿黄酒经过3~6个月的时间即可进行压榨。

(5)压榨:黄酒经过发酵之后就要进行压榨,压榨主要是去除黄酒中的酒糟,得到析出的酒液,便于装瓶出售。黄酒压榨采用传统的重力压榨,用木质的器械使黄酒慢慢地透过纱布析出澄清的酒液。

（6）煎酒：把压榨出的酒液放入锅内蒸煮，当锅内温度升到85℃时，即停止加热。煎酒的目的主要是加热杀菌。

### 4. 质量要求

质量标准应符合 GB/T 13662 – 2018 的相关规定。

## 五、讨论题

1. 简述我国黄酒的发展历程和品种分类。
2. 黄酒生产过程中，蒸饭的目的和作用是什么？

# 实验六　果醋的制作

## 一、实验目的

1. 了解果醋酿造的一般方法和步骤，熟悉果醋酿造的基本原理。
2. 掌握果醋的制作工艺、发酵条件和管理方法。
3. 了解影响果醋发酵的因素。

## 二、主要仪器、设备和原辅材料

### 1. 主要仪器、设备

折光仪、发酵罐、台秤、温度计、酒精度计、榨汁机、离心机等。

### 2. 原辅材料

酿酒酵母、醋酸杆菌、白砂糖、苹果等。

## 三、实验原理

利用酵母菌的酒精发酵将原料中的可发酵型糖转化为酒精，酒精发酵结束后接入醋酸菌进行醋酸发酵。酒精发酵是厌氧发酵，醋酸发酵是需氧发酵。

## 四、实验方法

### 1. 工艺流程（图9 – 6）

原料选择 ⟶ 清洗、榨汁 ⟶ 粗滤 ⟶ 澄清 ⟶ 过滤 ⟶ 成分调整 ⟶ 酒精发酵

⟶ 醋酸发酵 ⟶ 压榨过滤 ⟶ 澄清 ⟶ 成品

图9 – 6　果醋制作的工艺流程

### 2. 操作要点

（1）原料选择：选择新鲜成熟的苹果为原料，要求糖分含量高、香气浓、汁液丰富、无霉烂。

（2）清洗、榨汁：将分选洗涤的苹果榨汁、过滤，使皮渣与汁液分离。

（3）粗滤：榨汁后果汁可采用离心机进行分离，除去果汁中所含的浆渣等不溶性固形物。

（4）澄清：可用明胶单宁澄清法。每千克果汁分别添加 0.2g 明胶和 0.1g 单宁。或用加热澄清法，将果汁加热到 80～85℃，保持 20～30s，可使果汁内的蛋白质絮凝沉淀。

（5）过滤：将果汁中的沉淀过滤除去。

（6）成分调整：澄清后的果汁根据成品所要求达到的酒精度用白砂糖调整糖度。一般可调整到 17%。

（7）酒精发酵：用木桶或不锈钢罐进行发酵，装入果汁量为容器的 2/3，将经过三级扩大培养的酵母液接种发酵（或用葡萄酒干酵母，接种量为 150mg/kg），一般发酵 2～3 周，使酒精浓度达到 9%～10%。发酵结束后，将酒榨出，然后放置 1 个月左右，以促进澄清和改善质量。

（8）醋酸发酵：将苹果酒转入木桶或不锈钢桶中，装入量为 2/3，按 5%～10% 接种量接入醋酸杆菌，混合均匀，并不断通入氧气，保持室温 20℃。当酒精含量降到 0.1% 以下时，说明醋酸发酵结束。将菌膜下的液体放出，尽可能不使菌膜受到破坏，再将新酒放到菌膜下面，醋酸发酵可继续进行。

## 五、实验结果与分析

1. 对成品进行感官分析、理化分析和微生物学指标分析。
2. 分析实验过程中存在问题，并提出相应的改进方法。

## 六、讨论题

1. 果醋中果酸的含量对果醋品质有什么影响？
2. 醋酸发酵过程中溶解氧与醋酸发酵的关系有哪些？
3. 果醋生产的工艺流程是什么？

# 实验七　啤酒的制作

啤酒是世界上产量最大的酒种，是世界性饮料酒。啤酒以大麦麦芽、大米、啤酒花等为主要原料，经啤酒酵母和水酿制而成的一种含有 $CO_2$ 的低浓度乙醇饮料，是乙醇含量最低的饮料酒。啤酒营养丰富，含有碳水化合物、蛋白质、氨基酸、维生素、矿物质等多种营养元素。啤酒具有清爽的苦味，有抗氧化、助消化、促进循环等功效，适量饮用对身体是有益的。

## 一、实验目的

1. 理解啤酒酿造过程的基本原理。
2. 掌握啤酒酿造的工艺流程和操作要点。

## 二、主要仪器、设备和原辅材料

### 1. 主要仪器、设备

粉碎机、发酵罐、储酒罐、pH 计、手持糖度仪、过滤机、无菌工作台、恒温培养箱等。

### 2. 原辅材料

啤酒麦芽、大米、啤酒花、耐高温 α - 淀粉酶、啤酒活性干酵母等。

## 三、实验原理

啤酒酿造的基本原料是发芽的大麦、水、酒花和啤酒酵母。其生产过程主要包括麦芽汁制备和啤酒发酵两个过程。麦芽汁的制备包括麦芽的制备、糖化、过滤、煮沸、澄清和冷却。啤酒发酵过程包括前发酵、主发酵、后发酵、储酒等阶段。露天大罐发酵工艺基本上分为主发酵和后发酵储酒两个阶段。发酵结束后再进行发酵后期的澄清、过滤、除菌、包装，得到啤酒的成品。

## 四、实验方法

### 1. 麦芽汁的制备

（1）原料粉碎：①麦芽增湿粉碎。向麦芽喷洒 60℃的水雾，使麦芽水分含量增加 1.5%，喷洒的水雾与麦芽充分混合增湿时间为 2min，保持麦皮完整。②大米干粉碎。水分越低、粉碎越细，效果越好。粉碎要求过 380μm（40 目）筛，通过率大于 70%。

（2）大米糊化：将粉碎好的大米在 45℃下加水调浆，料液比为 1∶5，70℃时添加耐高温 α - 淀粉酶液，直至碘液反应完全，煮沸 10min，上清液即为大米醪液。

（3）糖化：麦芽粉在 35℃加水调浆，料液比为 1∶4；调浆后需 50℃恒温 60min，充分分解蛋白质；升温至 65℃，以 1∶2 的比例添加冷却至 65℃的大米醪液，恒温至碘液反应完全，80℃时终止。

（4）麦汁过滤：收集麦汁上清液和沉淀洗涤液，过滤两次。

（5）麦汁煮沸：酒花添加量为麦汁的 0.2%，分四批添加。煮沸时添加 10%，防止麦汁起沫，第二、第三批于煮沸 30min、60min 时各添加 20%，第四批于煮沸 90min 时添加 50%，10min 后终止煮沸。麦汁煮沸结束后立即冷却，静置 20~30min。尽量避免热麦汁与空气接触，防止高温下麦汁氧化和香味成分的损失。

### 2. 啤酒发酵

（1）主发酵：添加 2~3 袋酵母，待发酵醪液满罐时酵母细胞数为 $1.0~1.5 \times 10^7$ 个/mL。满罐必须在 24h 内完成。满罐 24h 排放一次底部的沉淀物。最高发酵温度为 10℃，降糖速度为 1.5~2.0°P/d，维持 2~3d。

（2）后发酵：降温至 6~7℃进入储酒阶段，进行双乙酰还原。当外观糖度降至 3.5~3.8°P 时封罐，升压至 0.10~0.12MPa；双乙酰至 0.07mg/L 以下时，降温至 5℃，保温 24h，排放酵母；再降温至 0~1℃，保温 7~10d，过滤前 24h 排净罐内沉淀物，待过滤。

(3)过滤与灌装：将啤酒保持在 $0\sim1\text{℃}$，经硅藻土过滤，过滤后的啤酒应清亮透明。如需灌装，必须采取措施进行隔氧及排氧处理。

## 五、实验结果

### 1. 感官评价
(1)色泽：金黄色，清亮透明，无明显悬浮物、无沉淀。
(2)香气：有纯正酒花或麦芽香气，无其他异香。
(3)泡沫：泡沫丰富，洁白细腻，持久挂杯。
(4)口味：口味纯正，无邪杂味，醇厚，刹口感强，酒体协调。

### 2. 理化指标分析
参考 GB/T 4928–2008《啤酒分析方法》进行分析测定。

## 六、讨论题

1. 酒花在啤酒酿造过程中起什么作用？其主要成分是什么？
2. 影响糖化的因素有哪些？
3. 如何过滤麦芽汁？
4. 影响啤酒泡沫的因素有哪些？如何改进啤酒泡沫的质量？

# 实验八 腐乳的制作

腐乳又名豆腐乳、霉豆腐或酱豆腐，是我国传统的酿造食品之一。它是一种口味鲜美、风味独特、质地细腻、营养丰富的佐餐食品和调味食品。腐乳的种类很多，根据表面的颜色、原材料的配方以及酿造后呈现出来的风味不同，腐乳分为红腐乳、白腐乳、酱腐乳以及花色腐乳。腐乳的营养价值很高，其主要成分为蛋白质在微生物酶的作用下产生的多种氨基酸及低分子蛋白质，其中人体必需氨基酸的含量较为丰富。

## 一、实验目的

1. 了解腐乳的生产原理。
2. 掌握腐乳的生产工艺流程。

## 二、主要仪器、设备和原辅材料

### 1. 主要仪器、设备
磨浆机、过滤机、蒸锅、压榨成型箱、小刀、米盘、恒温培养箱、发酵坛、罐头瓶等。

### 2. 原辅材料
大豆、盐卤(或石膏)、腐乳毛霉菌种(*Mucor sufu*)、食盐、味精、白酒、调味料等。参考配方：白酒500g，辣椒粉125g，花椒粉100g，红曲米150g，蔗糖200g，味精15g，食盐150g。

## 三、实验原理

腐乳的主要生产原理为大豆及其制品，经过大豆磨浆、制豆腐坯，然后经过前期培菌、腌制及后期发酵等工序制成。豆腐乳坯的含水量大致控制在70%左右，腌坯含盐量一般掌握在12%左右，前期发酵应用的菌种大豆是毛霉菌或根霉菌，后期发酵时间多数为3~6个月。各个品种由于配料不同，产品各具特色，别有风味。

## 四、实验方法

### 1. 豆腐坯的制作

(1)大豆浸泡：大豆加3倍水浸泡。冬季温度在5℃时，浸泡24h；春秋季水温在10~20℃时，浸泡12~18h；夏季水温在30℃时，浸泡6h即可。

(2)磨浆：浸泡好的大豆采用磨浆机磨浆，在磨浆过程中，需均匀向磨浆机内加水，要求细度均匀。

(3)过滤：利用离心机或滤浆机将豆浆与豆渣分离，分离后豆渣加水洗两次再分离，合并前次滤液，加入煮浆罐煮沸5~10min。

(4)点浆：加入盐卤或石膏使蛋白质凝固，温度控制在85~90℃，pH值在6.8左右。先搅动豆浆，再将盐卤以细流缓缓滴入热浆中，下卤流量要均匀一致，并注意观察豆花凝聚状态。在即将成脑时搅动适当减慢，至全部形成凝胶状态。从点卤至全部凝固成型，一般应掌握在2min左右。点卤后，保温20~30min，促使蛋白质凝固完全。

(5)压榨：成型箱内预先铺好包布，避免豆脑成型时外流，同时使豆腐坯表面形成密纹，防止水分流失。将豆脑均匀地泼在成型箱内，豆脑厚度高于成型箱。泼箱后加盖，盖板小于成型箱，然后在盖板上加压力。压制成型时，豆脑温度应在65℃以上，温度低不易出水，豆腐难以成型。加压要均匀，时间15min左右。成型后豆腐坯含水量70%。

(6)划块：将压榨好的豆腐坯迅速取下，划切成小块。

### 2. 毛霉菌孢子悬液的制备

取保藏菌种接种于PDA斜面培养基上，20~22℃下培养4d，待斜面上菌丝充分生长，孢子丰富，于试管中加入无菌水，用接种环充分刮洗斜面菌苔即得浓菌液。将浓菌液用无菌吸管吸出后，加无菌水稀释至100mL，备用。

### 3. 接种

冷却至20℃左右的豆腐坯，分层均匀排布放入竹底盘中，坯块应侧立间隔开以便通风散热，将毛霉菌的孢子悬液装入喷雾器中，均匀喷雾接种，坯的五面均需喷到菌液，菌丝长势才能一致，繁殖速度一致。

### 4. 前发酵

接种后，将豆腐坯置于25~28℃培养5d。培菌期间，要随时检查菌丝生长情况，如发现起黏现象，应及时采取通风降温措施。当菌丝生长成熟，略带黄褐色即为毛坯。

### 5. 搓毛和腌坯

腌坯前，先把毛坯相互连接的菌丝轻轻分开，使坯块之间不粘连。然后，用手指将毛坯表面轻轻整理。毛坯搓毛以后，加适量食盐进行腌制。

腌坯时，在缸底放置中心有孔的圆形木板一块，将豆腐毛坯放在木板上沿缸壁外周逐渐排至中心，每圈相互排紧。先在底部木板上撒上薄层食盐，再按分层加盐的办法将盐撒到坯上，并逐层增加，最后在缸面铺上较厚的盐层。腌坯3~4d后要压坯，即加入食盐水，超过腌坯面，使上层增加咸度。腌坯时间一般冬季为13d，春秋季为11d，夏季为8d。腌坯结束后，抽出盐水。放置过夜，使豆腐乳坯干燥收缩。

### 6. 装坛与配料

配料前先把缸内腌坯取出来分开，装入洗净的干燥坛内，并根据不同口味进行配料，加入配料液超过坯面约1cm，密封坛口，置于常温下3~6个月成熟，即完成后发酵。

## 五、讨论题

1. 腐乳发酵基本原理是什么？乳酸生产采用何种微生物？
2. 腐乳毛坯的后发酵有哪些环节？如何才能促进后熟完成达标？
3. 腐乳配制的前发酵包括哪些环节？培养管理中应注意什么问题？

# 实验九　麸曲白酒的制作

## 一、实验目的

掌握麸曲白酒的生产工艺，熟悉气相色谱检测白酒的方法。

## 二、主要仪器、设备和原辅材料

### 1. 主要仪器、设备

5000mL广口瓶、10L蒸馏锅、电磁炉等。

### 2. 原辅材料

麸曲，酒母(活性干酵母，如安琪活性干酵母)，高粱。

## 三、实验原理

### 1. 麸曲

(1)定义：麸曲是采用纯种霉菌菌种，以麸皮为主要原料，以糠谷、酒糟及豆饼为配料，经调水、蒸煮、冷却后，接入曲盘固体培养的糖化种曲，经人工控温控湿(机械式通风制曲)制成的白酒糖化剂。

(2)麸曲制作的微生物：制造麸曲的微生物菌株需具有较高的糖化力和一定的液化

力，同时还应具有生成香味物质的能力。我国用于酿造白酒的麸曲菌种有几十种，主要有曲霉、根霉。生产上使用的曲霉菌有黑曲霉、白曲霉和米曲霉等。前两种曲霉的糖化力强，持续性好且耐酸；米曲霉中蛋白质分解酶较多，产香好，液化快，但不耐酸，糖化持续性差。生产上常用的曲霉菌有 AS 3.4309 和河内白曲霉等。根霉适宜多菌混合培养环境，具有边繁殖、边糖化的作用，且根霉能糖化生淀粉，在生料培养基础上生长旺盛。

### 2. 麸曲酒

（1）定义：根据我国最新的饮料酒分类国家标准 GB/T 17204 - 2008 规定，麸曲酒是以麸曲为糖化剂，加酒母发酵酿制而成的白酒。

（2）麸曲酒生产工艺：麸曲酒的工艺要点是"麸曲酒母、合理配料、低温入池、定温蒸烧"。麸曲酒根据产品香型及所采用生产工艺的不同，大致可分四大类。①清香型麸曲酒。大多数采用清蒸、清烧、回醅发酵工艺，少数采用"两排清"工艺。发酵设备以地缸最好，但一般采用水泥窖或水泥窖内加瓷砖的方式。②酱香型麸曲酒。大多数采用清蒸原料，混合堆积，一次性入窖操作法。发酵设备南方采用碎石泥巴窖，北方采用水泥窖加泥底。③芝麻香型麸曲酒。采用一次投料，四轮发酵工艺法。发酵设备采用条石窖或水泥窖，窖底加发酵好的香泥。④浓香型麸曲酒。一般采用混蒸混入操作法。发酵设备采用泥窖内层加发酵好的人工老窖香泥。

## 四、实验步骤

### 1. 工艺流程（图 9 -7）

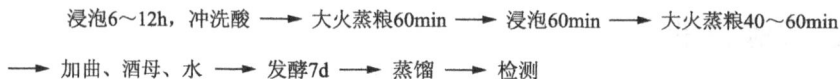

浸泡6～12h，冲洗酸 ⟶ 大火蒸粮60min ⟶ 浸泡60min ⟶ 大火蒸粮40～60min

⟶ 加曲、酒母、水 ⟶ 发酵7d ⟶ 蒸馏 ⟶ 检测

图 9 - 7　麸曲白酒制作的工艺流程

### 2. 工艺要点

（1）原料：麸曲酒可用各种淀粉质原料酿造，本实验采用高粱、玉米、大米等。配料比各小组自己确定，建议以高粱或玉米为主。为了提高出酒率和酒质，粉碎的原料应能通过 1.5～2.5mm 的筛孔。

配料是白酒生产的重要环节，配料时要根据原料品种和性质、气温条件、生产设备、糖化发酵剂的种类和质量等因素，合理配料。要从产量和质量两大方面确定合理配料，包括粮醅比、粮糠比、粮曲比和加水量。一般普通酒工艺的粮醅比要求在 1∶4。普通白酒的粮糠比较大，在 20% 以上；优质酒尽量少用糠，在 20% 以下为好。用曲的多少主要依据曲的糖化力和投入原料的用量。加量水要均匀、准确。

（2）蒸煮：常压蒸煮时间要视原料品种和工艺方法而定。薯类原料，若用间隙混蒸法，需要 35～40min，连续常压蒸煮只需 15min；粮谷类及野生原料蒸煮时间应在 45～55min。煮要"熟而不黏，内无生心"。原料中水分大、酸度高可促进糊化，原料在蒸煮前应预先润料 2～4h，以缩短蒸煮时间。

混烧是原料蒸煮和白酒蒸馏同时进行。在蒸煮时，前期主要表现为酒的蒸馏，温度较低，一般为 85～95℃；后期主要为蒸煮糊化，应该加大火力，提高温度促进糊化。

清蒸是蒸煮和蒸馏分开进行的，这样有利于原料糊化，又能防止有害杂质混入成品酒内，可提高白酒质量。

(3)晾渣冷却：目前普遍采用带式晾渣机进行连续通风冷却。晾渣后，料温的降低温度与气候有关。气温在 5～10℃，料温降到 30～32℃；气温在 10～15℃时，料温降到 25～28℃。本实验条件直接平铺冷却。

(4)加曲、加酒母：酒醅冷却到一定温度即可加入麸曲、酒母和水，搅拌均匀，入池发酵。加曲温度一般在 25～35℃，冬季比入池温度高 5～10℃，夏季比入池温度高 2～3℃。一般用曲量为原料量的 6%～10%。

活性干酵母添加量按说明，直接温水活化后加入，加水量以手捏成团，抛酒散开为宜，记录用水量。

(5)发酵条件：一般发酵温度应在 15～25℃，淀粉含量一般控制在 14%～16%，酸度为 0.6～0.8g/L，水分含量在 57%～58%，通过糟醅的松紧调节起始发酵强度，注意密封发酵罐。

发酵期的长短和入池淀粉浓度、气温条件、池内变化情况有关。

(6)蒸馏：操作时注意进料和出料的平衡，以及热量的均衡性，保证料封严密，防止跑酒。

(7)人工催陈：利用人工热处理或微波处理的办法促进酒的老熟。

**3. 品质评价**

(1)感官分析。

(2)色谱检测，检测条件。

## 五、实验结果

1. 与其他小组比较，分析配料对酒质的影响。

2. 感官分析结果与色谱检测结果的对照比较。

## 六、讨论题

1. 简述麸曲白酒的制作工艺，总结其主要工艺控制点，并比较与其他各种麸曲酒工艺的差异。

2. 讨论气相色谱检测误差的控制方法。

## 实验十　调味品工艺综合实验

## 一、实验目的

1. 熟练掌握调味类产品的研发流程。

2. 能利用三峡库区特色食品资源开发一种新型调味类产品。

3. 掌握相关仪器和设备的使用。

4. 培养学生综合运用所需知识的能力和独立分析和解决实际生产问题能力。

## 二、主要仪器、设备和原辅材料

### 1. 主要仪器、设备

食品工程中心设备等。

### 2. 原辅材料

一种或几种三峡库区特色食品资源，市售各种食品添加剂及香辛料等。

## 三、实验原理

利用前面所学各种调味品的制作原理，研发一种新型调味品。采用正交试验或者响应面法对该产品的工艺进行优化。

## 四、实验方法

1. 简述产品的生产工艺流程。

2. 简述产品操作要点。

## 五、产品质量评价

1. 感官评价。

2. 理化分析。

3. 微生物学指标分析。

## 六、结果与分析

1. 对实验结果进行描述。

2. 对实验结果进行分析和讨论。

## 七、综合实验设计要求

每3～5人一组，在查阅相关资料的基础上，完成设计方案说明书，经老师审批后，进行实验并写出综合实验报告。综合性实验的成绩由四个方面组成：设计方案说明书占20%，综合实验报告占40%，产品占30%，课堂表现占10%。

# 第十章　食品感官评价实验

## 实验一　味觉和嗅觉基本识别能力测定

### 一、实验目的

1. 确定每个品评员区别不同样品之间性质差异的能力和区别相同样品某项性质程度大小、强弱的能力。

2. 熟悉和掌握匹配实验的方法。

### 二、实验原理

根据事先给出的各种味道和气味的结果，判定品评员对各样品的匹配结果是否正确，从而确定每个品评员味觉和嗅觉基本识别能力的水平。对于样品的味道和气味采用直接品尝和直接闻味方法；对于个人与小组的判定结果采用统计学方法计算正确率。

### 三、实验内容和要求

通过品尝和闻事先给定样品的味道和气味，来确定每个品评员区别不同样品之间性质差异的能力和区别相同样品某项性质程度大小、强弱的能力。统计每位品评员和品评员小组的正确率。

要求每位品评员品尝和闻事先给定样品的味道和气味，将自己得到的结果写在记录纸上，并统计个人的正确率，实验后提交实验报告。

### 四、实验准备

**1. 材料及样品制备**

（1）材料：蔗糖、氯化钠、明矾、柠檬酸；各种香精。

（2）样品制备：蔗糖 16g/L，氯化钠 3.0g/L，柠檬酸 0.5g/L，咖啡因 0.1g/L，盐酸奎宁 0.01g/L，明矾 10g/L，分别配制各种溶液各 1000mL，于室温下保存。

（3）品评杯：按实验人数、轮次数准备。

## 2. 品评表设计

(1)方法选择：匹配实验法。

(2)样品编码：利用随机数表或计算机品评系统进行编码。

(3)主控表：包括品评员编号、提供样品编号等。

(4)品评表设计：

---

### 匹配实验问答卷

**味道匹配：**

您将得到4～8个编号的样品，每种样品品尝后，用纯净水漱口，再品尝下一个样品。将您品尝样品的编号和感觉到的味道，填入下栏中。

| 样品编号 | 感觉味道 |
| --- | --- |
| ———— | ———— |
| ———— | ———— |
| ———— | ———— |
| ———— | ———— |
| ———— | ———— |
| ———— | ———— |
| ———— | ———— |

**风味匹配：**

您将先后得到两组风味物质，请用鼻子先闻第一组中的每一各样品，并将其样品编号填入下栏中。每闻过一个样品之后，稍事休息，然后闻第二组物质，比较两组风味物质，将第二组物质的编号写在与其相似的第一组物质编号的后面。

| 第一组 | 第二组 | 风味物质 |
| --- | --- | --- |
| ———— | ———— | ———— |
| ———— | ———— | ———— |
| ———— | ———— | ———— |
| ———— | ———— | ———— |
| ———— | ———— | ———— |
| ———— | ———— | ———— |

并且请从下列物质中，将符合第一组、第二组风味的物质选择出来，记入下栏中。

酸奶 橙汁 柠檬 香草 巧克力 玉米 香芋 红果 蜜桃 鲜牛奶 菠萝

香蕉 荔枝 花生 香蜜瓜 草莓 蛋黄 葡萄 青苹果 绿豆

---

## 五、实验条件

在光线明亮、无异味存在的环境中，进行实验，每个品评员在实验过程中相互隔离，独立完成实验并填写实验结果。

## 六、实验步骤

1. 实验前，主持人要使品评员熟悉匹配检验程序和样品特性。

2. 实验过程中，分发样品后，每个品评员独立进行品评，并记录结果。

3. 品评表汇总，记录每个品评员的反应结果。

4. 分别统计每个品评员味觉和嗅觉匹配检验结果，分别计算正确回答人数和百分比率。

5. 撰写实验报告。

## 七、思考题

1. 实验环境对品评实验有何种影响？

2. 影响个人嗅觉和味觉的因素有哪些？

## 八、实验报告

预习理论课中所讲对于品评员的挑选和培训部分的原理和方法；要求按照本门课程中所学的感官评价对实验报告的有关要求撰写实验报告，提交实验报告的同时提交实验记录纸。

## 九、注意事项及其他说明

在实验过程中，每个品评员不要相互商量评价结果，独立完成整个实验。

## 实验二　液体奶风味的差别检验

## 一、实验目的

通过鉴别不同厂家高温灭菌市民奶的感官差别，熟悉和掌握三点检验方法。

## 二、实验原理

根据品评员对三个样品(其中有两个样品是相同的，另一个是不同的)的反应，通过计算正确回答数来进行判断。随机性地分发样品，使 A 和 B 两样品出现的次数相等。对于三个样品的味道和气味采用直接品尝和直接闻味法；统计小组判定结果，计算正确回答人数，查阅三点检验对应表，得出是否存在差异的结果。

## 三、实验内容和要求

通过品尝两厂家高温灭菌奶，采用三点检验的方法进行差别检验，根据小组检验结果，判定出是否存在差异。

要求每位品评员品尝事先给定的三个样品，辨别样品的味道和气味，将自己得到的结果写在记录上，并统计小组的正确人数，查阅三点检验表，得出是否存在差异的结果，实验后提交实验报告。

## 四、实验准备

### 1. 材料及样品准备

(1)材料：两厂家高温灭菌奶。

(2)样品贮藏：样品的温度应保持一致。

(3)品评杯：按实验人数、轮次数准备。

### 2. 品评表设计

(1)方法选择：三点检验法。

(2)样品编码：利用随机数表或计算机品评系统进行编码。

(3)主控表：包括品评员编号、提供样品编号等。

(4)品评表设计：

---

**袋装液体奶风味的三点检验法实验**

品评员：　　　　　　　　　　　　　　　品评时间：

轮　次：

1. 您将收到三个编码的样品。请从左到右依次对每个样品进行评估，并选择出单一的样品。

若被试者有"说不准"的情况，可猜测，但不可放弃。检验时每个样品可反复评价。

单个样品是＿＿＿＿＿＿＿＿＿＿＿＿＿＿＿＿＿＿＿＿＿＿＿＿＿＿＿。

2. 在你觉察到的差别程度的相应词汇上划圈：

没有　很弱　弱　中等　　强　　很强

3. 你更喜欢哪个样品？　（请在适当的空格内划"√"）

单个样品＿＿＿＿＿＿。两个完全一样的样品＿＿＿＿＿＿。

---

## 五、实验条件要求

在光线明亮、无异味存在的环境中，进行实验，每个品评员在实验过程中相互隔离，独立完成实验并填写实验结果。

## 六、实验步骤

1. 实验前，主持人要使品评员熟悉检验程序和产品特性。谨慎地提供给品评员关于处理效应和产品特性的启发和鼓励，给予必要的足够的信息以消除品评员的偏见。

2. 实验过程中，分发样品后，每个品评员独立进行品评，并记录结果。

3. 品评表汇总，记录每个品评员的反应结果。

4. 计算正确的回答数（已正确鉴定了单一的样品）和总的应答数，将结果与临界表相对应的数值（见 GB/T 12311－2012 感官分析法 三点检验）进行比较，并说明含义。

5. 撰写实验报告。

## 七、思考题

1. 试设计一个带特定感官问题的风味（或异常风味、商标等）三点检验形式的实验。
2. 在实验的过程中，要注意哪些问题？

## 八、实验报告

预习理论课中所讲的三点检验法部分的原理和方法；要求按照本门课程中所学的感官评价对实验报告的有关要求撰写实验报告，提交实验报告的同时提交实验记录纸。

## 九、注意事项及其他说明

准备 6 个相等的可能组合数：ABB、BAA、AAB、BBA、ABA、BAB；控制光线以减少颜色差别。

# 实验三　饼干的偏爱度排序

## 一、实验目的

1. 通过对不同饼干偏爱进行品评，为产品开发、营销等做准备。
2. 熟悉和掌握感官评价排序检验方法。

## 二、实验原理

根据品评员对样品按某单一特性强度或整体印象排序，对结果进行统计分析，确定感官特性的差异。

采用排序检验法对五种饼干样品进行偏爱度的排序，并使用 Friedman 检验和 Page 检验对被检验的样品之间是否有显著性差别作出判定。若确定了样品之间存在显著性差别，则需要应用多重比较对样品进行分组，以进一步确定哪些样品之间有显著性差别。

## 三、实验内容和要求

通过对五种不同饼干样品的品尝，根据每个品评员的偏爱程度进行排序，然后统计小组结果，并采用统计学方法进行计算和分析，得出最终排序结果。

要求每位品评员品尝事先给定的五个样品，根据自己的喜爱程度对样品进行排序，将自己得到的结果写在记录上，并统计小组的排序结果，采用 Friedman 检验和 Page 检验对被检验的样品之间是否有显著性差别作出判定，得出小组排序结果。实验后提交实验报告。

## 四、实验准备

### 1. 材料及样品准备

(1)材料：市售饼干 5 种。

(2)样品制备：样品的性状、大小等应尽量一致，并应去除商标登记号。

(3)样品贮存：样品应放在干燥的容器或塑料袋中，使用前取出。

(4)品评托盘：使用编号的品评托盘。

### 2. 品评表设计

(1)方法选择：排序法。

(2)样品编号：利用随机数表或计算机品评系统进行编码。

(3)主控表：包括品评员编号、提供样品编号等。

(4)品评表设计：

---

### 饼干的偏爱度排序

品评员：　　　　　　　　　　　　　　　　品评时间：

轮　次：

提示：您将收到系列编码的样品。请在限定时间内完成实验，依次进行品评并按从弱到强的次序进行排列，可将样品初步排定一下顺序后再作进一步调整。检验进行时每个样品可反复评价。

需要情况下，在更换样品时，请用水漱口。

| 样品编码 | 最喜欢 | 喜欢 | 较喜欢 | 不喜欢 | 最不喜欢 |
|---|---|---|---|---|---|
| 745 | ☐ | ☐ | ☐ | ☐ | ☐ |
| 404 | ☐ | ☐ | ☐ | ☐ | ☐ |
| 509 | ☐ | ☐ | ☐ | ☐ | ☐ |
| 753 | ☐ | ☐ | ☐ | ☐ | ☐ |
| 856 | ☐ | ☐ | ☐ | ☐ | ☐ |

---

## 五、实验条件

在光线明亮、无异味存在的环境中，进行实验，每个品评员在实验过程中相互隔离，独立完成实验并填写实验结果。

## 六、实验步骤

1. 实验前，主持人要向品评员说明检验的目的，并组织对检验方法、判定准则的讨论，使每个品评员对检验的准则有统一的理解。

2. 实验过程中，分发样品后，每个品评员独立进行品评，并记录结果。

3. 品评表汇总，在表 10 – 1 中记录每个品评员的结果。

表 10 – 1　反应记录总表

| 品评员 | 秩次 | | | | |
| --- | --- | --- | --- | --- | --- |
| | 1 | 2 | 3 | 4 | 5 |
| | | | | | |

4. 将品评员对每次检验的每个特性的排序结果汇总，并使用 Friedman 检验和 Page 检验对被检验的样品之间是否有显著性差别作出判定。若确定了样品之间存在显著性差别，则需要应用多重比较对样品进行分组，以进一步确定哪些样品之间有显著性差别。

5. 根据统计分析结果，撰写实验报告。

## 七、思考题

在偏爱度排序实验过程中，若样品品尝后有残存的味觉或样品的特征十分相似，这时会产生哪些问题，试举例分析。

## 八、实验报告

预习理论课中所讲的排序检验法部分的原理和方法；要求按照本门课程中所学的感官评价实验报告的有关要求撰写实验报告，提交实验报告的同时提交实验记录纸。

## 九、注意事项及其他说明

不应将不同的样品排为同一秩次；对不同特性应按不同特性安排不同的顺序。

# 实验四　盐水火腿的描述性感官评价

## 一、实验目的

对市售火腿肠进行风味、质地、外观的描述性感官评价，熟悉和掌握描述性感官评价的方法。

## 二、实验原理

根据品评员对样品的风味、质地、外观进行定量的描述性强度分析，通过统计学 T 检验，描绘出雷达图。采用描述性感官检验方法，并对检验结果进行统计学 T 检验，判定其评价结果是否合理。

## 三、实验内容和要求

要求每位品评员品尝事先给定的样品,对其风味、质地、外观进行描述性感官评价,每位品评员根据品尝结果在事先给出的描述词汇中进行选择,并给样品的每种特性强度打分,将自己得到的结果写在记录上,统计每位品评员的实验结果,进行 T 检验,判定其评价结果是否合理,从而得出小组结论。实验后提交实验报告。

## 四、实验准备

### 1. 材料及样品制备

(1)材料:市售盐水火腿 1 种。

(2)样品制备:用刀切成 1cm 厚的薄片。

(3)样品贮藏:样品的温度应保持一致。

(4)品评托盘:按实验人数、轮次数准备。

### 2. 品评表设计

(1)方法选择:描述性检验法。

(2)样品编码:利用随机数表或计算机品评系统进行编码。

(3)主控表:包括品评员编号、提供样品编号、品评表编号等。

(4)品评表设计:品评表样表如表 10 - 2。

表 10 - 2　品评表

| 样品编号 | | 品评员 | | 品评日期 | |
|---|---|---|---|---|---|
| 请评价你面前的样品,并在产品特性描述相符的描述词后打"√" | | | | | |
| 强度 | 5 | 4 | 3 | 2 | 1 |
| 色泽 | 暗黑 | 暗红 | 深红 | 中性红 | 鲜红 |
| 香气 | 很不习惯 | 习惯 | 吸引人 | 一般般 | 无感觉 |
| 口味 | 太强烈 | 较强烈 | 适合 | 较淡 | 无味 |
| 硬度 | 太硬 | 较硬 | 适中 | 较软 | 太软 |
| 弹性 | 强 | 较强 | 适中 | 弱 | 无弹性 |

## 五、实验条件

在光线明亮、无异味存在的环境中,进行实验,每个品评员在实验过程中相互隔离,独立完成实验并填写实验结果。

## 六、实验步骤

1. 观察样品的颜色。

2. 用手从直径方向按压样品,感觉其硬度。

3. 用刀将样品切成5mm厚的薄片，并采用直接嗅觉法评价样品的香气。品评员应当闭上嘴巴，用鼻子吸嗅挥发气味，不规定吸嗅的方法，只要在适当的时间间隔内用同样的方式即可。

4. 用手指轻轻按压样品薄片，感觉其弹性。

5. 品评口味，将切成5mm厚的薄片放入口中进行品尝，在口中充分咀嚼后要咽入。每次品尝完后，用水漱口。

以上各步骤，进行结束后，立即在品评表中适当描述词处划"√"。

6. 将结果汇总于表10-3中。

7. 采用统计学T检验方法进行数据处理，并根据计算数据绘制雷达图。

8. 撰写实验报告。

表10-3　数据汇总表

| 品评员 | 色泽 | 香气 | 口味 | 硬度 | 弹性 |
|---|---|---|---|---|---|
| 1 | | | | | |
| 2 | | | | | |
| 3 | | | | | |
| 4 | | | | | |
| 5 | | | | | |
| 6 | | | | | |
| 7 | | | | | |
| 8 | | | | | |
| 9 | | | | | |
| 10 | | | | | |
| 平均值 | | | | | |
| 标准方差 | | | | | |
| 最大值 | | | | | |
| 最小值 | | | | | |
| T1 | | | | | |
| T2 | | | | | |

## 七、思考题

1. T检验在单个样品描述性检验中有怎样的作用？

2. 当进行两种样品的描述性检验时，是否仍能使用T检验？

## 八、实验报告

预习理论课中所讲的描述性检验法部分的原理和方法；要求按照本门课程中所学的感官评价实验报告的有关要求撰写实验报告，提交实验报告的同时提交实验记录纸。

## 九、注意事项及其他说明

注意切割样品的方式，应从样品的直径方向切割。

# 实验五　矿泉水的风味剖析

## 一、实验目的

1. 鉴别不同矿泉水之间的风味差别。
2. 掌握风味剖析方法。
3. 为新产品的研制和开发提供帮助。

## 二、实验原理

根据品评员对样品的风味进行定性和定量的描述性分析，对描述词汇和特性强度通过统计学分析进行筛选和计算，描绘出雷达图。采用风味剖析方法和统计学方法对使用的描述词汇进行删选，最终得出恰当的词汇。

## 三、实验内容和要求

要求每位品评员品尝事先给定的五种样品，对其风味进行剖析，对每位品评员使用的描述词汇通过讨论和统计学方法进行筛选，最终得到恰当的词汇，并给样品的每种特性强度打分，将自己得到的结果写在记录上，统计每位品评员的实验结果，进行统计学分析，得出小组结论。实验后提交实验报告。

## 四、实验准备

### 1. 实验材料
市售五种不同品牌的矿泉水，小烧杯或纸杯(无异味)等。

### 2. 样品编码
采用3位数随机号码进行编码。

### 3. 风味描述表设计
根据要求设计科学合理的风味描述表。

### 4. 常见描述词汇
甘甜、微咸、酸、爽口、咸、微苦、清爽甘冽、入口甘美、回甜、醇甜柔和、涩。

## 五、实验条件

在光线明亮、无异味存在的环境中，进行实验，每个品评员在实验过程中相互隔离，独立完成实验并填写实验结果。

## 六、实验步骤

1. 品评员第一轮品评：把编码的五种样品分发给每个品评员品评，再发给每人一张品评表，见表10－4。然后在上述给出的描述词汇中选择恰当的词汇进行描述，可以多重选择，并填入表中。

**表 10－4　初步风味描述表**

日期：　　　年　　月　　日　　　　　　　　　　品评员：

| 样品 | 描述 |
|------|------|
| 1 | |
| 2 | |
| 3 | |
| 4 | |
| 5 | |

2. 初步整理描述词汇：把所有的描述词集中起来，然后大家讨论，把大家认为不恰当的描述词汇删除掉，并把经过筛选后的词汇集中起来，放在一张表中。

3. 品评员第二轮品评：发给每个品评员一张表，见表10－5。其中包括所有经初步删选出来的词汇，每个品评员将自己认为存在的风味选出来，然后在表上给该风味的强度打分即可。按照5分法进行打分，标准为：最强5分；强4分；中等3分；弱2分；刚好识别1分；无感觉0分。

**表 10－5　风味及其强度描述表**

日期：　　　年　　月　　日　　　　　　　　　　品评员：

| 样品 | 风味及其强度 | | | | | | | | |
|------|---|---|---|---|---|---|---|---|---|
| 样品1 | | | | | | | | | |
| 样品2 | | | | | | | | | |
| 样品3 | | | | | | | | | |
| 样品4 | | | | | | | | | |
| 样品5 | | | | | | | | | |

4. 进行再次的描述词汇删选：根据公式 $M = (F \times I)^{0.5}$，对描述词汇再次删选。其中 F 表示描述词实际被述及的次数占该描述词所有可能被述及总次数的百分率，即所有可能被述及总次数 = 品评员人数 × 样品数；I 表示评价小组实际给出的一个描述词的强

度占该描述词最大可能所得强度的百分率，即最大可能所得强度＝品评员人数×最大强度×样品数。

5. 品评员第三轮品评：进行样品风味的强度评定，把再次筛选出来的词做成一张表，见表 10 - 6。给其中的每种风味打分。

6. 把最后得到的分取平均值后，在雷达图上表示出来。

表 10 - 6　风味及其强度描述表

日期　　年　　月　　日　　　　　　　品评员：

| 样品 | 风味及其强度 | | | | | | | | |
|---|---|---|---|---|---|---|---|---|---|
| 样品 1 | | | | | | | | | |
| 样品 2 | | | | | | | | | |
| 样品 3 | | | | | | | | | |
| 样品 4 | | | | | | | | | |
| 样品 5 | | | | | | | | | |

例：样品风味描述词删选得到的 F 值填入表 10 - 7 中，I 值填入表 10 - 8 中，描述词分类值填入表 10 - 9 中。

表 10 - 7　F 值表

| 产品 | 描述词 | | | | | | | | |
|---|---|---|---|---|---|---|---|---|---|
| 产品 1 | | | | | | | | | |
| 产品 2 | | | | | | | | | |
| 产品 3 | | | | | | | | | |
| 产品 4 | | | | | | | | | |
| 产品 5 | | | | | | | | | |
| 次数 | | | | | | | | | |
| F 值 | | | | | | | | | |

表 10 - 8　I 值表

| 产品 | 描述词 | | | | | | | | |
|---|---|---|---|---|---|---|---|---|---|
| 产品 1 | | | | | | | | | |
| 产品 2 | | | | | | | | | |
| 产品 3 | | | | | | | | | |
| 产品 4 | | | | | | | | | |

| 产品 | 描述词 | | | | | | | | |
|---|---|---|---|---|---|---|---|---|---|
| 产品 5 | | | | | | | | | |
| 强度 | | | | | | | | | |
| I 值 | | | | | | | | | |

表 10 - 9　描述词分类表

| 参数 | 描述词 | | | | | | | | |
|---|---|---|---|---|---|---|---|---|---|
| I | | | | | | | | | |
| F | | | | | | | | | |
| M | | | | | | | | | |
| 百分比 | | | | | | | | | |
| 分类 | | | | | | | | | |

根据表 10 - 9 的结果，把分类中排列在最后的描述词删除掉，按照得到的描述词汇再进行一轮风味强度打分，将结果填入表 10 - 10 中，最后结果用雷达图表示。

表 10 - 10　样品 1 的数据统计结果表

| 风味强度 | 品评员 | | | | | | | | | | | | | | | |
|---|---|---|---|---|---|---|---|---|---|---|---|---|---|---|---|---|
| | 1 | 2 | 3 | 4 | 5 | 6 | 7 | 8 | 9 | 10 | 11 | 12 | 13 | 14 | 15 | 均值 |
| | | | | | | | | | | | | | | | | |

# 七、思考题

为什么要对描述词进行反复筛选？

# 第十一章 食品工艺课程设计

## 一、课程的性质

《食品工艺课程设计》是食品理论课程教学的总结性教学实践环节，是利用食品工艺学、工程制图、机械设计以及食品工程设计等专业课程的基本理论知识和技术，设计一些简单的食品加工过程，旨在培养学生实践与创新能力以及解决生产实际问题的能力。

## 二、课程的目的和要求

《食品工艺课程设计》主要目的是培养学生综合运用有关课程的基本知识去解决某一设计任务的一次训练，也起着培养学生独立思考问题、综合运用所学专业知识的能力。

通过专业课程的设计锻炼对学生要求如下。

(1)查阅文献资料、收集数据以及查找最新设计知识的能力。

(2)掌握市场调查的方法，学习撰写市场调研报告。

(3)树立既考虑技术上先进性与可行性，又考虑经济上合理性，并注意到操作时的劳动条件和环境保护的正确设计思想，培养在这种设计思想下去分析和解决实际问题的能力。

(4)专业课程设计过程中融入"绿色发展"等理念。

(5)掌握工程计算能力。

(6)学会调查报告、项目建议书、可行性报告格式和内容的撰写及相关文字和图表处理能力。

(7)掌握先进的工程绘图的能力。

## 三、教学方法与手段

本课程采用以学生查阅大量资料并计算、设计为主，教师指导为辅的方法。

## 四、课程考核方式

分三个部分进行考核：设计说明书质量占60%；图纸质量占20%；平时表现

占 20%。

## 五、设计内容和步骤

1. 分配和下达设计任务。

2. 查找相关资料，撰写文献综述（选题目的、意义、选题背景以及市场前景分析等）。

3. 工艺参数及流程的选择和工艺计算。

4. 进行设备的选择和计算。

5. 绘制图纸。

6. 编写设计说明书（不少于 10000 字）。

7. 对本设计进行评述和讨论。

## 六、设计说明书的基本要求

格式如下：

封面

目录

设计任务书

第一章 前言（市场调查报告、项目建议书和可行性研究报告）

第二章 总平面图设计

1. 生产车间

2. 总平面布置的基本原则

3. 总平面布置的说明

第三章 产品方案、工艺流程及工艺要点

1. 产品与产量的确定

2. 工艺流程及工艺要点

3. 产品的质量评价

3.1 感官指标

3.2 理化指标

3.3 微生物学指标

4. 管路设计

4.1 自来水水管设计

4.2 蒸汽管道设计

5. 管道安装

6. 车间布置与结构

第四章 工艺计算

1. 物理衡算

2. 耗水量的估算

3. 用电量的估算

4. 蒸汽消耗量估算

5. 耗冷量估算

6. 压缩空气用量的估算

第五章 主要设备选型与计算

1. 设备选型的依据

2. 设备的概况与计算

第六章 辅助部门设计

1. 冷库

1.1 设计依据

1.2 设计参数

1.3 库体和制冷系统的说明

2. 包装材料库

3. 化验室

4. 锅炉房

5. 机修和配电车间

第七章 卫生、安全和生活设施

第八章 食品安全与质量管理体系

第九章 技术经济分析

1. 投资指标

2. 年经营成本和费用

3. 经济效益指标

4. 税收

5. 综合分析

结束语

参考文献

设计图纸(总平面布置图、工艺流程图及主要设备详图等)

## 七、食品工艺课程设计题例

1. 年产 2000 吨广式腊肠的车间设计

2. 年产 1000 吨苹果酱的工厂设计

3. 年产 1000 吨碳酸饮料的工厂设计

4. 年产 10 万吨柑橘果汁的车间设计

5. 年产 1 万吨番茄汁的产检设计

6. 年产 1500 吨口香糖工厂设计

7. 年产 10 万吨榨汁工厂的设计

8. 年产 1000 吨花椒油工厂的设计

9. 年产 3 万吨酸奶的车间设计

10. 年产 2000 吨白酒的车间设计

11. 年产 2000 吨葡萄酒的车间设计

12. 年产 1 万吨果脯的车间设计

13. 年产 10 万吨八宝粥的车间设计

14. 年产 2000 吨黄酒的车间设计

15. 年产 10 万吨可口可乐的工厂设计

16. 年产 5 万吨茉莉花茶的车间设计

17. 年产 10 万吨速冻水饺的工厂设计

18. 年产 1500 吨糖果的车间设计

19. 年产 1 万吨味精工厂设计

20. 年产 5 万吨龙眼干的工厂设计

21. 年产 20 万吨酱油的工厂设计

22. 年产 1000 吨的面粉工厂设计

23. 年产 5000 吨的烤鸭的工厂设计

24. 年产 1000 吨水果罐头的工厂设计

25. 年产 5 万吨饼干的工厂设计

26. 年产 1100 吨净菜的工厂设计

27. 年产 1 万吨燕麦片的车间设计

28. 年产 5000 吨速冻蔬菜工厂设计

29. 年产 6 万吨豆奶的工厂设计

30. 年产 10 万吨蓝莓汁的工厂设计

# 参考文献

1. 范霄晗. 木瓜、胡萝卜、蜂蜜复合饮料的研制[J]. 现代食品, 2017, (22): 90 -92 + 102.

2. 王兆丹, 肖国生, 邓敏捷, 等. 正交实验优化微波鸡翅加工工艺[J]. 黑龙江畜牧兽医, 2013, (8): 72 -73.

3. 王兆丹, 肖国生, 唐华丽, 等. 芦荟牛奶复合保健饮料的研制[J]. 黑龙江畜牧兽医, 2013, (6): 70 -71.

4. 王兆丹, 汪开拓, 韩林, 等. 金银双花饮料的研制[J]. 食品与发酵工业, 2012, 38(3): 166 -168.

5. 邹燕羽, 陈文俊, 李祖祥, 等. 响应面法优化红阳猕猴桃果酒的发酵工艺研究[J]. 食品工业, 2017, 38(8): 113 -116.

6. 朱蓓薇, 张敏. 食品工艺学[M]. 北京: 科学出版社, 2018.

7. 李里特, 江正强. 焙烤食品工艺学[M]. 北京: 中国轻工业出版社, 2010.

8. 潘明涛, 张文学. 发酵食品工艺学[M]. 北京: 科学出版社, 2018.

9. 马长伟, 曾名勇. 食品工艺学导论[M]. 北京: 中国农业大学出版社, 2018.

10. 赵征, 胡爱军, 王稳航. 食品工艺学实验技术[M]. 北京: 化学工业出版社, 2017.

11. 丁武. 食品工艺学综合实验[M]. 北京: 中国林业出版社, 2012.

12. 钟瑞敏, 翟迪升, 朱定和. 食品工艺学实验与生产实训指导[M]. 北京: 中国纺织出版社, 2015.

13. 潘道东. 畜产食品工艺学实验指导[M]. 北京: 科学出版社, 2011.

14. 赵晨霞, 王辉. 果蔬贮藏加工实验实训教程[M]. 北京: 科学出版社, 2018.

15. 卫晓怡, 白晨. 食品感官评价[M]. 北京: 中国轻工业出版社, 2018.

16. 韩北忠, 童华荣. 食品感官评价[M]. 北京: 中国林业出版社, 2009.

17. 王亮, 泮琇, 郑晓杰. 绿色食品生产与检验综合实训[M]. 北京: 化学工业出版社, 2018.

18. 王文焕, 李崇高. 绿色食品概论[M]. 北京: 化学工业出版社, 2008.

19. 张钟, 李先保, 杨胜远. 食品工艺学实验[M]. 郑州: 郑州大学出版社, 2012.

20. 刘素纯, 刘书亮, 秦礼康. 发酵食品工艺学[M]. 北京: 化学工业出版社, 2019.